技成培训工控技术丛书

三菱 FX PLC 基础知识
有问必答

李金城　编著

机 械 工 业 出 版 社

本书是关于三菱 FX 系列 PLC 基础应用的问题解答。为方便读者阅读，将内容分为学习篇、基础知识篇、编程基础篇、SFC 程序设计篇和编程软件 GX Developer 篇。在编写过程中，既考虑了学员们在实际学习和工作中所提出的问题解答，也设置了一些学习 PLC 基础知识及其应用的问答。使读者在使用本书时，不但能学到解决实际问题的方法，还同时学习了 PLC 相关的基础知识。

本书可作为广大电工、工控技术人员及所有学习三菱 FX PLC 人员的参考用书。

图书在版编目（CIP）数据

三菱 FX PLC 基础知识有问必答/李金城编著 . —北京：机械工业出版社，2018.6
（技成培训工控技术丛书）
ISBN 978-7-111-59905-0

Ⅰ. ①三… Ⅱ. ①李… Ⅲ. ①PLC 技术-问题解答 Ⅳ. ①TM571.61-44

中国版本图书馆 CIP 数据核字（2018）第 095221 号

机械工业出版社（北京市百万庄大街 22 号 邮政编码 100037）
策划编辑：时 静   责任编辑：时 静 韩 静
责任校对：张艳霞   责任印制：张 博
三河市国英印务有限公司印刷

2018 年 6 月第 1 版·第 1 次印刷
130 mm×184 mm·6.875 印张·160 千字
0001—5000 册
标准书号：ISBN 978-7-111-59905-0
定价：29.00 元

凡购本书，如有缺页、倒页、脱页，由本社发行部调换

电话服务	网络服务
服务咨询热线：010-88361066	机 工 官 网：www.cmpbook.com
读者购书热线：010-68326294	机 工 官 博：weibo.com/cmp1952
010-88379203	教育服务网：www.cmpedu.com
封面无防伪标均为盗版	金 书 网：www.golden-book.com

技成培训工控技术丛书
编辑委员会

序

　　十年前，有人问我如果做教育最关心什么时，我说是能否真正学到技术。这一句话很简单，但做起这份工作才发觉它何等不易。

　　回望工控教育行业十年，面对技术教育现实，心中常常有着许多矛盾与无奈，内心深处总是笼罩着一种难以言状的困惑。我曾到过很多企业和工厂的生产一线，和不少一线自动化工程师深入交流，他们大多表示技术革新太快、想学无门、缺乏时间。我既为一线工程师的辛勤耕耘而感动，又深感其心中的不甘与无奈。于是我萌生了一个想法，建立一种新型的教育方式来实现他们的技术成长之梦——工控技术在线教育平台，也就是今天的技成培训。

　　正是因为这份不易，我一直有个愿望，就是能编撰出版一套丛书，系统总结技成培训十年来在制造业人才教育方面取得的成果，为更多拥有自动化梦想的技术人员提供一些专业技能借鉴，奠定更加坚实的理论基础。同时，也欲以此凝聚技成培训教育工作团队务实、创新、不懈追求的精神。《技成培训工控技术丛书》集合了技成培训十年来在线课程教育的成果，涵盖了众多优秀教师的宝贵教学经验，希望能帮助更多的人学习自动化，并深入了解自动化行业。

　　十年树木，百年树人。制造业人才培养的道路是漫长的，而技成培训才刚刚上路。这套丛书既是一个阶段性成果的总结，也是我们在行程上立下的一个坐标。我们相信"坚持"的力量，相信"梦想最终会照进现实"。而实现梦想的唯一方式，就是打磨好每一门课程，不放弃创新和追求卓越的信念，目标明确、排除干扰、埋头苦干、坚守底线，助力中国从制造业大国向制造业强国转变。

钟　武

前言

技成培训办学以来，学员们在学习过程和工作实践中提出了许多关于工控知识学习和工控技术应用的问题，这些问题大多具有普遍性和代表性。广大技成培训学员希望能把这些问题和解答汇集成册，供学员在学习和工作时参考。本书就是在这种情况下通过电话接听、来信、论坛、QQ群、公开课和答题课提问等多种场合收集到上万个问题。经过多次筛选编写而成的。

本书是关于三菱FX系列PLC基础应用的问题解答，为方便读者阅读，将内容分为学习篇、基础知识篇、编程基础篇、SFC程序设计篇和编程软件GX Developer篇。

由于作者水平有限，书中解答定有不少疏漏和不足之处，恳请广大读者，特别是工作在一线的广大电工和工控技术人员批评指正。

本书在编写过程中得到了丁先群、曾鑫、蔡慧荥、杨遇桥、李金龙和李震涛等人的大力协助，同时也参考了其他相关图书的内容，引用了相关资料，在此一并表示衷心感谢。

读者在阅读过程中，如有问题，也可与作者联系，同时也希望广大读者提出新的问题，以便再版时补充。可将问题发送至电子邮箱：jc1350284@163.com，一定有问必答。

李金城

目录

序

前言

学习篇 ·· 1

基础知识篇 ·· 19

编程基础篇 ·· 118

SFC 程序设计篇 ·································· 169

编程软件 GX Developer 篇 ················· 192

参考文献 ·· 211

为方便读者查阅详细的问题内容目录，本书备有详细的问题内容目录 WORD 电子文档，读者如有需要，可通过下面途径下载或索取。

1. 机械工业出版社金书网，网址：http://www.golden-book.com

2. 技成培训网，网址：http://www.jcpeixun.com

3. 编者邮箱，jc1350284@163.com

学习篇

No.1 我已经做了七年维修电工，但对 PLC、变频器等不太懂，如果不学，很担心被淘汰，现在就准备学习 PLC 和变频器，应从哪里开始学习呢？

　　你做了七年电工，已经具备了学习 PLC 和变频器的实践基础。学习 PLC 和变频器应该从入门课程学起。待基本的知识和应用都掌握了，再根据实际工作需要学习专业的知识、技能和应用。

　　向你推荐技成培训网上相关入门课程：

　　三菱 FX 系列 PLC 可学习李金城老师主讲的《三菱 FX PLC 编程与应用入门》视频课程；

　　西门子 S7-200 系列 PLC 可学习梁智斌老师主讲的《西门子 S7-200 PLC 从入门到精通》和曾鑫老师主讲的《西门子 S7-200 SMART PLC 编程应用入门》视频课程；

　　欧姆龙 PLC 可学习唐倩老师主讲的《欧姆龙 PLC 编程与应用》视频课程；

　　变频器可学习丁先群老师主讲的《变频调速应用技术》和李金城老师主讲的《变频器功能应用从入门到精通》视频课程。

*No.***2**　我从事十几年的电工工作，但年纪已四十有余，文化程度仅初中水平，电工知识多数是从实践中获得的，理论知识不多，这种情况能学好 PLC 控制技术吗？

你从事了十几年的电工工作，说明已具备了学好 PLC 控制技术的实践基础。初中文化程度说明有一定的文化基础。因此，你是完全可以学好 PLC 的。不过理论知识不够，这就需要你在学习过程中要比别人多花一些时间和精力。

像你这样的情况，也是普遍存在的。常常有些学员问："我年纪大了，已经快四十岁了，能不能学会 PLC？""老师，我才初中文化，PLC 这么难，能学会吗？"，等等。这些问题归根到底是一个有没有信心学的问题。说实话，学习是需要信心的。如果没有信心，学习中一遇到困难就知难而退，半途而废。信心来自动力，想学好工控技术，必须有动力，有了动力，很多困难都会得到解决。

*No.***3**　四十岁左右学习 PLC 会不会太晚？要什么程度的技术才能拿到较好的薪资？

四十岁开始学习并不晚，四十岁是一个身体强壮、心理成熟的年纪，学习各种知识都不晚。我就是四十多岁开始接触和学习 PLC 控制技术的。

什么程度的技术才能拿到较好的薪资呢？这个不好说，因为薪资是劳资双方的事情。你的技术必须得到对方的认可并满足对方的需求，才能得到心仪的薪资。至于多少，是多种因素决定的，并不完全决定于你掌握技术的程度。但是可以肯定，作为技术人员，如果你的技术水平不高，是肯定不能拿到较好的薪资的。

所以，我的体会是不要去纠结什么样的程度能拿到6000~8000元薪资，当前最重要的是抓紧时间学习和实践，尽快提高自己的技术水平。到时候，较好的薪资水平是水到渠成，唾手可得。

No.4 老师，我很忙，总抽不出时间来学习，该怎么办呢？

"没时间学"这已成了很多人学习工控技术的一个障碍。真的没时间学吗？我看不是的。时间是非常公平的，不管是谁，穷人与富人、老板与员工、男人和女人，它都给了你一天24小时，谁也不多，谁也不少。没有时间，那你的时间到哪儿去了？实际上，每个人每天都在消费这24小时，只不过每个人的消费用途不同而已。可以这么说，每个人都把时间花在他认为是最重要的事情上。你如果认为学习重要，你就会把时间花在学习上。同样，你认为打牌、玩游戏、看微信重要，你一定会把时间花在聊天、打牌、玩游戏、看微信上。有些学员的确很忙，上班忙工作，下班忙家务，工作、家庭责任都很重，但即使是这样，如果想学习，也一定会找出时间来学习的。所以说，没有时间学，这仅是一种借口，时间是有的，就看你愿不愿意把一部分时间花在学习上。

No.5 每天工作比较晚，时间和精力有限，我们每天的学习时间应该怎么安排呢？

学习时间的安排是每个人自己的事情。你只要有学习动力，感到学习很重要，自然会想方设法安排时间来学习。如果你感到学习没有其他事情重要，例如工作、家务、休息，别人给你建议，你也会找出种种理由去否定别人的建议。

我的建议是，平时利用零碎的间隙时间进行书本知识的学习，思考一个问题，学习一个知识点，等到有比较充足的时间时，例如休息日、假日等，则用来进行知识的总结和实践。这样可能进度会慢一些，但日积月累同样会学好 PLC 控制技术的。

No.6 我现在从事的是行政管理工作，但对 PLC 很感兴趣，也开始学习 PLC，我这样能学好 PLC 吗？

如果你从事的是行政管理工作，对机电接触甚少，仅仅是凭兴趣（当然，兴趣也是一种动力）学习 PLC，那你必须要有这样的思想准备，要比别人花更多的时间，费更多的精力，比别人有更强的毅力和韧性，在学习工控技术的同时，还要学习很多与工控技术相关的各种基础知识，这样，也一样能学会工控技术。学是为了用，编者认为，如果你的动力仅仅是兴趣，而学会以后，并不想从事工控行业的工作，那还是不要学。因为 PLC 是一门应用型的技术，学而不用会忘得很快。

No.7 我是从事机械维修工作的，学校里学的也是机械专业。现在想学 PLC 控制技术，能不能学好它？请老师指点。

其实我一直主张，在当前机电控制越来越成一体的大趋势下，学电气控制的补充一下机械知识，学机械维修设计的补充一下自己的电气控制知识是非常有必要的。这样，可以由专业人才变成一个机电皆通的混合型通才。而这样的通才是当前企业特别是中小型企业最受欢迎的，待遇也很高。

从事机修工作的人学习 PLC 控制技术并不难，因为在从事机修工作的过程中，就已经接触到了许多电气元器件，并了解了它们的工作原理和功能。机修工一般对生产控制过程都非常熟悉。这些对学习 PLC 控制技术都非常有帮助。而且，机电结合使人对 PLC 编程思路、程序设计都更容易上手。从我的体会来说，机修人员学习 PLC 控制技术比其他人学得要快要好。机修人员学习 PLC 控制技术是绝对不成问题的。

No.8 我是一名在校学生，学的电气工程及其自动化专业，我想毕业后从事工业自动化工作。请教李老师，我在学校里应如何学习 PLC 控制技术才能很快适应将要从事的工业自动化工作？

非常高兴，你立志在毕业后加入到工业自动化这个行业中来。作为一名在校学生，你具有三大优势：一是你有充足的时间进行学习；二是学校图书馆有大量的资料供你参考，身边有老师给予指导；三是学校有一定的设备供你实践。唯一不足的是结合生产实践学习的机会较少。因此，我希望你把握好这个机会，抓紧时间学习。学习时，可结合技成培训的视频课程和其配套教材把一种品牌的 PLC 和变频器学深学透，很多学习内容都可以在仿真软件上进行仿真测试，如果条件许可，尽量多利用学校实验室设备进行真刀真枪的练习。这样，参加工作后会很快上手。

我相信，只要你坚持努力学习，不久的将来，你就会是工业自动化行业的高手。

No.9 之前没接触过电工和 PLC，从 IT 行业跨行业学习 PLC 编程，可以吗？

IT 行业虽然和工业自动化行业都是以微处理器为核心控制器

的行业，但由于应用不同，差别还是蛮大的，但它们所需要掌握的基础知识还是一样的。相对来说，我个人认为工业自动化所涉及的知识面更广，实践性更强。

从 IT 行业跨行学习 PLC 编程当然可以，但难度较大，因为工控行业编程（这里主要指梯形图或功能块编程）与控制过程实践有很大关系，不仅仅是一个逻辑思维的思考过程。

*No.*10 请问学习 PLC 控制技术应具备哪些条件才能学好?

很多人以为，学习 PLC 控制技术一定要很高的条件，如大学文化、高级电工、动手能力很强等。其实，以我多年的培训经验和观察来说，学好 PLC 控制技术并不要求很高的条件。如果说有什么条件的话，那就是两条：一是正在从事电工工作（或机电相关工作）；二是具有初中及以上文化水平。对在校学生来说，只要你是涉及电气类、自动化类相关专业就行。

对于没有从事电工工作的广大生产工人来说，必须要补电工基础知识的课才能学好。

*No.*11 做维修电工是不是应该先了解传感器、工控仪表的课程，再逐步学习 PLC 编程? 这些之间有什么关联吗? 应该怎么去掌握和应用?

维修电工在工作过程中，应该对传感器、工控仪表等有一定的了解。学习 PLC 编程与它们有必然的关系，因为这些都是作为 PLC 的接口设备接到 PLC 端口上去的，它们的状态与 PLC 程序是息息相关的。但是，从程序要求来看，没有必要去专门先学习这方面的课程，而是应该用到就学，边学边用。待到一定程度后，再系统地学习一下，效果会更好。

No.12 李老师，学习 PLC 控制，一定要有 PLC 实物吗？如果没有能不能学会 PLC 控制呢？

　　PLC 控制技术是一门实用技术，学了就是为了用。因此，在学习过程中，如果有一台真实的 PLC 在手，对学习非常有帮助。它可以使我们加深对 PLC 控制的感性认识，加快我们的学习过程。边学边实践、边实践边学是最好的学习方法。因此，如果你真正想学 PLC 控制技术，最好要有一台 PLC。

　　那么，在没有 PLC 的情况下，能不能学会 PLC 控制呢？如果实在没有一台 PLC，那一样也可以学习 PLC 控制。这时主要学习的是 PLC 的指令应用和程序编辑，可以通过仿真软件来检测自己的学习效果和编程能力。但由于没有 PLC 实物，很多知识不能深刻理解和应用，特别是实践中的应用，以后还是需要补上这一课的。

No.13 我想问一下，逻辑代数的知识在学习 PLC 中重要吗？一定要学会吗？

　　逻辑代数是从数学的角度来研究客观事物"真"与"假"之间的逻辑推理关系。在继电控制和 PLC 控制中，所研究的对象通常只有两种状态，例如开关的"开"与"关"，线圈的"通"与"断"等，和逻辑中的"真"与"假"相对应。因此学习逻辑代数知识对学习 PLC 控制是有帮助的。在 PLC 控制中，线圈的驱动条件就是开关量的逻辑组合。但是 PLC 对逻辑代数的要求并不高，只要懂得基本的逻辑关系就行，不需要系统地学习逻辑代数知识。当然，你如果想学习一下如何通过开关量之间的逻辑关系来设计梯形图电路，那就必须学习更深一些的逻辑代数知识。

No.14 学习 PLC 技术是不是一定要先学模拟电子技术和数字电子技术？

在 PLC 技术中，硬件电路会涉及模拟电子技术和数字电子技术内容。但从我的培训经验来看，学习 PLC 并不需要先系统学习模拟电子和数字电子知识。毕竟 PLC 控制技术有其自身的特点，在学习中如果碰到电路问题，只要适时补充这些知识即可。

No.15 PLC 和变频器可以同时学习吗？

PLC 和变频器是目前工业生产设备上用得最多的控制器。它们的共同点都是数字控制器，但控制的对象不同，在工业设备上经常一起用于对设备的控制。对要从事工业自动化工作的人员来说，这两种控制技术是一定要掌握的。它们在工作原理和应用范围都不相同，完全可以同时学习这两种控制技术。而且，学习变频器对学习 PLC 很有帮助。在实践中，变频器常常作为 PLC 的下位机来使用。

总之一句话，完全可以同时学习 PLC 和变频器控制技术。

No.16 我是做设备调试安装的，感觉缺乏理论和系统的知识，应该怎么办？

很多学员都有这样的感觉，当从事某一项新的工作时，总感到自己缺乏系统的理论知识和丰富的实践知识。那么怎么办呢？一个字：学。理论知识可以系统地学，学习之前，应向周围的同行、同事去请教，应学习哪些知识，有哪些书可以阅读，有没有系统的培训等。这样可以少走弯路，专业学习主要还是靠自己。

实践知识只能靠时间的积累来获得，为了多获得一些实践知识，你必须尽可能地多做，多参与，参与的越多，获得的实践知识也越多。

如果联系到设备调试安装，一般来说，产品定型了，其调试安装也就基本定型了。最主要的还是现场安装调试实践知识，可以在调试中发现问题，再通过学习理论知识来解决，不需要系统地学习理论知识。

*No.*17 做电工平时工作接触不到 PLC，更没实际操作，很多时候想放弃，应该怎么办？

很多学员的情况和你一样。当前的工作环境没有 PLC 可供实践，学到一定时候，感到很难再学下去。放弃吧，已经学了这么久，多少也算懂了一些，那不是浪费了很多时间吗？学下去吧，都不知道该怎么学习了，总感到不踏实，心中很纠结。

这种情况下，先要问一下自己的学习动力是什么？如果是为了将来从事工控行业的工作，不想做一辈子电工，那就一定要坚持学下去，不可以放弃。没有 PLC 怎么办？那就想办法弄一台，怎么弄？借、租、拆均可，不行就自己买一台。学技术是要舍得投资的。

No.18　学习工控技术要制订学习计划吗？如何制订学习工控技术的计划呢？

这是一个老生常谈的问题了。自学任何知识，有计划总比没有计划好，计划的最大好处是做到心中有数，不会东学一点，西学一点，否则会浪费很多时间。一定要先列出自己计划学习的内容，希望学完后达到的要求，然后再制订学习计划。

如何制订工控技术学习计划呢？这里提一点个人看法供大家参考。

1）一定要根据当前自己的实际情况制订切实可行的学习计划。

2）计划中一定要有学习的目标和实现这个目标的时间。

3）学习计划可以粗放一点，不要太详细，要给自己留有余地。

4）计划可分为理论学习和实践学习两部分。工控技术是一门应用技术，一定要给实践留有充足的时间。

5）计划制订了，就要严格执行。时间可以推迟，但目标一定要实现。

6）任何对计划不能实现的理由都是借口，它只能说明你没有强大的学习动力和坚强的学习毅力。

No.19　我刚开始学 PLC，想买一台 PLC 用于学习，您说买哪一种机型比较合适呢？

的确，手头上有一台 PLC，学起来会非常有帮助，边学边做，边做边学，这是最好的学习方法。这里仅就三菱 FX PLC 的学习提一点建议。

初学者重点是学习 PLC 的基础知识、掌握利用基本指令及部分功能指令进行逻辑开关量控制和程序编制的方法，以及 PLC 的外部端口连接。在这里我推荐两款机型供大家选用参考。

这两款机型是 FX3SA-10MT 和 FX3GA-24MT。这两款机型的特点是：性价比较高，性能基本能够满足初学者的要求，对学习逻辑开关量控制绰绰有余，对学习模拟量控制、定位控制和通信控制都留有扩展的余地，而且价格是所有 PLC 基本单元中最低的。目前，在市场上还没有发现仿冒产品。

FX3SA-10MT 的市场价位在 650 元左右。价格比较低廉，其缺点是：它是一个整体式 PLC，其 I/O 点不能大量扩展，也没有丰富的扩展选件供采用。

FX3GA-24MT 的市场价位为 950 元左右，价格虽比 FX3SA 贵，但性能却提高很多。其本身的 I/O 点数（24 点）对初学者学习编程已足够；有丰富的扩展选件，这对进一步学习 PLC 控制功能十分有帮助。我的建议是：如果经济条件允许的话，还是买一台 FX3GA-24MT 比较好。

No.20 老师，我在淘宝网上看到有很多 PLC 学习机卖，价格都很便宜。我想问一下，买这些学习机能学好 PLC 吗？

我也留意了一下淘宝上的 PLC 学习机，价格从 100～500 元不等。我没用过，所以不好评价。但我相信，这些学习机的结构并不是真正的原装 PLC 所组成。当然，利用它们也能学到许多 PLC 知识，并提高编程能力。但不管怎么说，都不如真正的原装 PLC 学习来得真实。我的建议是：如果你买来是初步了解一下 PLC，学习一下编程技术，也不是不可以，但最终还是需要一台真正的 PLC 来练习，才能真正从实践中学到知识。

也有一种学习机，它由一台真正的 PLC 和相关的配件组合而成。可以实操开关量控制、模拟量控制、步进定位控制和通信控制等许多内容。例如，技成培训生产的三菱学习机和西门子学习机就是这样，价格虽稍贵一些，但却很适合初学者系统地学习 PLC 知识和应用。

No.21 李老师，我想尽快地提高自己的编程水平，应找什么样的实例来练习？练习过程中应该注意些什么呢？

PLC 控制是一门实用技术，学了必须用于实践。因此，实践就显得非常重要。

实践学习可分为编程练习和实操。其中，程序编制是基本功，我们可以通过大量的练习来提高自己的编程水平。具体应该怎么做呢？

1) 平时要养成收集各种程序小例子的习惯，光收集还不行，最好对每个程序小实例做一些笔记，例如，程序完成的控制功能、设计思路、指令说明等。

2) 要进行大量的程序设计练习，可以在各种资料上找，也可以买几本编程实例的书。然后，根据参考书中程序案例的控制要求，不看书中的程序，自己动手来编。编好后，还要在仿真软件上测试，直到完成。初学者不要去考虑程序的优劣，只要能完成控制要求就行。一个程序的编制过程就是 PLC 知识、程序设计知识和软件操作的学习过程。编程成功后再去与书中的程序进行比较，获得程序设计技巧的思路和灵感。当做了大量的练习之后，你就会发现，问题来了再也不会束手无策了。这时，你的水平也就提高了。

No.22 我正在学习 PLC 控制，如何才能在短时间里掌握工控技术呢?

怎么学才能在很短的时间里学会和掌握工控技术？这是学员们经常问的问题。但是，在很短的几个月时间内完全学会和掌握大部分工控技术是不现实的。为什么呢？因为工控技术是一门实用的技术，很多知识必须通过实践才能完全理解掌握，不是光看看书、看看视频就可以解决的。而实践就需要时间，实践知识就是时间沉淀的结果。短短的几个月，你是不可能把许多工控技术都实践一次的。就算能实践一次，也不可能深入理解和掌握，更谈不上应用了。一个普通电工，从开始学习 PLC、变频器到完全能独立设计控制系统，进行调试维护，没有三五年时间是做不到的。如果说学习工控技术有什么捷径的话，那这个捷径就是边学边做，边做边学。学习工控技术不能只学不做，也不能只做不学。只有学习与实践相结合，才能学得又快又好。

No.23 我和小王发生了争论，小王说不能先学 FX3U，一定要先学 FX2N，学好后，再学 FX3U。但我感到学哪个都一样，老师，你说呢?

PLC 的开发有前有后，其发展过程是性能越来越好，功能越来越强大。但是，万变不离其宗。所有 PLC 的基本知识，例如结构组成、工作原理、编程软件、基本指令及逻辑开关量控制程序编制等基本上是一样的。不论通过哪种品牌的 PLC 都可以学到这些知识。

同样，FX3U 虽然是 FX2N 的替代机型，但是它只是在 FX2N

的基础上提高了很多性能，功能更强大而已。对初学者来说，掌握基本的 PLC 控制知识，用 FX3U 来学习基本知识，在某些方面比用 FX2N 更好。

No.24 三菱 PLC 和西门子 PLC，应先学哪个比较好？有人说，学会三菱 PLC，再学其他 PLC 就很容易了，是这样吗？

PLC 有很多品牌，但它们的基本工作原理都是一样的，在开关量逻辑控制上学习过程也大致相同。但是由于开发的思路不同，不同品牌的 PLC 梯形图编程软件会有很大差别。如果你准备开始学 PLC，那学哪种品牌的 PLC 都可以。先学习三菱还是西门子都是一样的。但如果要比较的话，从大部分三菱 PLC 和西门子 PLC 都学的人员反映来看，初学者先学三菱 PLC 较好。日式 PLC 开发思路与逻辑思维过程比较适合中国用户，比较容易理解和掌握。学会了三菱 PLC，再转学其他品牌 PLC，可以很快上手并学会。反之，西门子 PLC 是欧式思维，逻辑严密，一个简单问题会弄得转来转去才能理解，因此入门较难，比较费力，而学到后来，则又感到十分方便，极易掌握。可是一转学三菱 PLC，又感到三菱 PLC 很不方便，不易掌握。当然，以上所见，仅是一家之言，仅供参考。

No.25 我是一名干了十几年的电工，现在想学习 PLC，老师能不能告诉我，PLC 和继电控制有哪些相同和哪些不同？

继电控制主要用于开关量控制电路，这里仅就开关量控制对它们的相同与不相同之处进行一些说明。

相同之处就是都能完成开关量控制，都要用到开关量元器件。不同之处主要体现在以下几点：

1）控制系统组成不同。继电控制系统全部由元器件与其连接电路组成，完全是硬件电路。而 PLC 控制是由硬件电路和软件（程序）组成的控制系统。

2）工作方式不同。继电控制系统是并行工作方式，即同一器件的线圈通电与其触点是同时动作的，不存在先后之分。而 PLC 是周而复始的分时扫描工作方式。这是一种串行工作方式，同一器件的线圈通电后，其触点是按照扫描顺序先后动作的。这就发生了分析时思维方式的差异。

3）灵活性不同。当生产工艺流程发生变化时，继电控制电路基本上要推翻重来，而 PLC 控制只要适当地改变程序，就可以满足需求。这也是 PLC 控制能取代继电控制的重要原因。

目前，PLC 和变频器控制已越来越多地在各种单机生产设备、生产线控制中代替继电控制电路。PLC 和变频器已是普通电工必须掌握的技术。

𝒩o.26 李老师，我已经学完了你的"三菱 FX PLC 编程与应用入门"课程，也学会编一些简单的逻辑控制程序，下一步应该学习什么呢？

很多电工朋友在学习了 PLC 的基础知识后，常常问我："老师，下一步应学习什么？"对这个问题我的回答是："你在实践中应用过 PLC 了吗？用 PLC 去控制过某台设备的生产过程吗？如果你在实践中已经应用 PLC 去解决生产控制问题了，说明你已经基本掌握了 PLC 的基础知识及其应用。如果你还没有真正用 PLC 去解决过生产控制问题，就应该先要去实践，通过实践掌握 PLC 的实际应用，然后才是下一步学什么。"

下一步学什么？下一步就是结合自己的工作需求，学习模拟量控制、运动量控制和通信控制。这三种控制学习是各自独立的，不存在先学谁和后学谁的问题。但是它们的共同基础就是 PLC 基础知识和开关量逻辑控制。不论哪一种，都必须结合功能指令来进行实习。当然还必须结合实践学习，边学边做，边做边学。

*No.*27 我正在学习 PLC 控制技术，但我心中一直有个疑问，学了后，我可以从事哪方面的工作呢？

这是电工学习 PLC 控制技术后都会问到的问题。因为 PLC 控制技术不像电工那样有一个独立的工种，使人看到学好技术后的去向。根据我的体会和多年的观察，学会 PLC 控制技术应用可以从事以下工作：

1）在各种行业工厂里从事含有 PLC 控制设备的维护、维修工作，技术好一些的还可承担生产设备的改造升级工作，把继电控制的系统改造成 PLC 控制。

2）在设备制造厂从事设备 PLC 控制系统的设计、安装和调试工作，主要是到客户那里对设备进行安装和调试。

3）在自动化控制公司从事各种设备的 PLC 控制开发、设计工作（俗称系统集成）和从事设备的制造、安装和调试工作。

4）利用学到的知识帮别人编制梯形图程序、设计系统集成、协助设备安装和调试，收取一些合理的费用，也是一个不错的选择。

5）时机成熟，注册一个自己的公司，专门从事各设备的控制系统开发、设计、安装和调试工作。

*No.*28 老师，能不能给我简单介绍一下模拟量控制、运动量控制和通信控制的基本概念？

PLC 是由继电器逻辑控制系统发展而来的，初期主要用来代替继电控制系统，侧重于开关量逻辑控制和顺序控制。但随着计算机技术、微电子技术、大规模集成电路技术和通信技术的发展，PLC 在技术上和功能上发生了很大的变化。而 PLC 控制技术也从开关量逻辑控制延伸到模拟量控制、运动量控制和通信控制。在工业生产控制过程中，特别是在连续型的生产过程中，经常会要求对一些物理量如温度、压力、流量等进行控制。这些物理量都是随时间而连续变化的。在控制领域把这些随时间连续变化的物理量叫作模拟量。对这些随时间连续变化的物理量的控制叫作模拟量控制。

运动量控制是将预定的目标转变为所期望的机械运动，使被控制的机械时间进行准确的位置控制、速度控制、加速度控制、转矩或力矩控制。运动控制的控制目标就是位置、速度、加速度、转矩或力矩。在上述控制目标中，位置控制是目前应用比较多的运动控制，初学者学习运动控制应该从位置控制入手开始学习。

PLC 通信控制则是指 PLC 与计算机、PLC 和 PLC 之间及 PLC 与外部设备之间的通信系统。PLC 通信的目的就是要将多个远程 PLC、计算机及外部设备进行互联，通过某种共同约定的通信方式和通信协议，进行数据信息的传输、处理和交换。通信控制十分重要，工业生产的三大控制系统 PLC、DCS 和 FCS，其控制的核心方式都是通信及通信控制。

No.29 一些资料上经常出现 DCS、FCS 控制系统，DCS、FCS 到底是什么？它和 PLC 控制有联系吗？

DCS（Distributed Control System）是集散控制系统（又称分散控制系统）的简称。DCS 控制系统指的是一种多机系统，即多台计算机分别控制不同的对象和设备，各自构成子系统，各个子系统之间可以通过通信或网络互联。从整个系统来说，它们在功能上、逻辑上、物理上以及地位上都是分散的，但是在管理上、监测上、操作上和显示上又是集中的。DCS 是一种分散式控制系统，PLC 只是一种控制设备。系统能够实现控制设备的功能和协调，而控制设备只能实现本单元的控制功能。因此，PLC 控制系统可以作为独立的控制系统，也可以作为 DCS 的一个子系统。

FCS（Fieldbus Control System）是现场总线所组成的过程控制系统的简称。FCS 最显著的特征是开放性、分散性和全数字通信。

开放性是指总线标准、通信协议均是公开的、面向任意的制造商和用户，可供任何用户使用。一个开放的系统，它可以与任何遵守相同标准的其他设备和系统相连，不同厂家的设备之间可实现信息交换。分散性是指可以在一个仪表中集中多种功能，甚至做成集检测、运算、控制于一体的变送控制器，把 DCS 控制站的功能块分散地分配给现场仪表，构成一种全分布式控制系统的体系结构。全数字化通信是指在 FCS 中，现场信号都为数字信号，所有的现场控制设备都采用数字化通信。许多总线在通信介质、信息检验、信息纠错、重复地址检测等方面都有严格的规定，从而确保总线通信快速、完全可靠的进行。

PLC、DCS 和 FCS 是目前大量采用的三大自动化控制系统，读者如需详细了解这三大控制系统，请进一步阅读相关的资料。

基础知识篇

No.1　怎样将二进制数转换成八进制数？

将八进制数用二进制数表示，采用 3 位二进制数就够了。3 位二进制数有 8 种状态，正好表示 8 进制数的 0~7。

二进制数转换成八进制数的口诀是：由低到高，3 位一划，高位补 0，按表对数。

如 1110010101100 转换成八进制数为

$$\underline{001}\ \underline{110}\ \underline{010}\ \underline{101}\ \underline{100}$$
$$\ \ 1\ \ \ \ \ 6\ \ \ \ \ 2\ \ \ \ \ 5\ \ \ \ \ 4$$

No.2　八进制数 35+47 的结果用八进制表示是多少？用十进制表示又是多少？

八进制数 35+47 的结果用八进制表示是 104，用十进制表示是 68。八进制的数字只有 0~7，逢 8 进 1，也就是说：八进制的 10 就是十进制的 8，八进制的 11 就是十进制的 9，八进制数 104 就是十进制数的 68。

No.3　程序里什么时候用到字母 H？

H 表示十六进制数。十六进制数的最大优点是能与二进制数直接转换。因此，可以很快观察到每一个二进制位的状态。

在实际应用中，如果要对位元件组合和字元件的二进制进行置位和复位，则用十六进制数最方便。

例如：要求对 M0、M5、M1、M15 置位，则执行 MOV H8421 K4M0 指令即可。

*No.*4 老师，H2A+H48 是怎么加的？有什么注意点？

这是十六进制数相加，有两种相加方法：一种是先把它们转换成十进制数相加，加的结果再转换成十六进制数，比较烦琐。容易出错；另一种方法是直接用十六进制相加，这里要注意以下三点：

1) 相加时，相应位要对齐，碰到 A、B、C、D、E、F 要变成十进制数相加，例如：A+8 应看成 10+8＝18。

2) 逢 16 进一，加的结果大于 16 时，向上进 1，本位为结果减去 16。例如：加后为 18 则减去 16，本位为 2，同时向上进 1。

3) 加的结果是 10、11、12、13、14、15 时，要写成 A、B、C、D、E、F。例如：8+3＝11，则结果为 B。

按照上述注意点，H2A+H48＝H72

*No.*5 二进制表示整数我懂了，那用二进制是如何表示小数的呢？

在二进制中，小数的表示和整数类似，也有位、位权、位值，也有进位与复位。下表表示了二进制的小数 0.1011。

位	b_1	b_2	b_3	b_4
·	1	0	1	1
位权	2^{-1}	2^{-2}	2^{-3}	2^{-4}
位值	1×2^{-1}	0×2^{-2}	1×2^{-3}	1×2^{-4}

二进制的小数 0.1011 转换成十进制的小数为

$$1 \times 2^{-1} + 0 \times 2^{-2} + 1 \times 2^{-3} + 1 \times 2^{-4} = 0.6875$$

必须注意，这是在数制中小数的表示，它不是在数字设备中（计算机、PLC 等）小数的表示方式。在数字设备中整数是用带符号数以补码方式来表示，而实数（含小数）是用浮点数方式来表示的。

No.6 老师，我经常在书上或资料上看到各种编码。那么，到底什么是编码？它与二进制有什么关系？

编码是指用二进制数来表示各种字母、符号的集合。

在 PLC 中，其存储内容只能是二进制数，因此，各种编码也必须用二进制数来表示。不同的表示方法就形成了不同的编码，常用的有 8421BCD 码、ASCII 字符编码、格雷码等。

No.7 什么是 8421 BCD 码？什么叫 2421 BCD 码？它们之间是什么关系？

BCD 码是一种用二进制数的组合来表示 0~9 这 10 个数字符号的编码，又叫二-十进制码。它不是表示十进制，而是表示 0~9 这 10 个字符。

8421 BCD 码指用 4 位二进制数 0~9 直接表示 0~9 这 10 个字符，例如：0101 即是二进制数 5，也是符号 "5" 的编码。因为这

4 位二进制数的位权分别为 8、4、2、1. 所以称为 8421 BCD 码。

2421 BCD 码也是一种有权码，它也是用 4 位二进制数表示 0～9 这 10 个字符。不过它从左到右的位权是 2、4、2、1。例如 0100，按照数制转换为 4，表示 4 这个字符，而 1100，按照转换为 6，表示 6 这个字符。

8421 BCD 码和 2421 BCD 码之间没有关系，各自都是独立的编码。

No.8 我不明白，既然有了用二进制来表示十进制数，为什么还用 8421 BCD 码来表示十进制数？

二进制数可以用来表示数值，但如果要显示出它所表示的十进制数值，显然比较困难，因此出现了先解决数符 0～9 的编码表示，这就是所谓的 BCD 码，常用的为 8421 BCD 码，然后再想办法用指令把二进制数转换成 8421 BCD 码，再利用 8421 BCD 码去驱动数字显示设备（如数码管、触摸屏等），这就是 8421 BCD 码的意义。

No.9 ASCII 字符编码是如何表示字符的？去哪里下载 ASCII 字符编码表？

ASCII 码是美国国家标准学会制定的信息交换标准代码，它包括 10 个数字、26 个大写字母、26 个小写字母及大约 25 个特殊符号和一些控制码。ASCII 码规定用 7 位或者 8 位二进制数组合来表示 128 种或 256 种的字符及控制码。标准 ASCII 码是用 7 位二进制数组合来表示数字、字母、符号和控制码的。

ASCII 字符编码可以从网上搜索下载，也可以从各种资料中获得。

No.10 什么是格雷码？它用在什么地方？

格雷码也是一种数值的二进制编码方式。它与纯二进制数值编码最大的区别在于它是无权码（即每位位权不固定），因而无法比较大小。它的特点是相邻两个数仅有一个二进制位发生变化，当用在转角位移量与数字量之间的转换中时，可以减少出错的可能。因此，是一种错误较少的编码方式。

格雷码常用在位置测量和控制中，采用格雷码做成的编码器称为绝对式编码器。

No.11 什么叫补码？什么叫数的补码表示？在 PLC 中用补码表示正负数有什么优点？

补码就是先把原码（纯二进制数）求反，然后在 b_0 位加 1，也就是通常所说的"求反加 1"。

正负数的补码表示法是：最高位为符号位，"0"为正，"1"为负，如为正数，仍用原码表示，如为负数，则用原码的补码表示（含符号位）。下面举例说明（8 位二进制数）：

原码（纯二进制数）：K25 = 00011001

十进制数：　　　 +25,　　　　　　　　−25

补码表示：00011001　　　　11100111

在数字系统中，采用补码表示法的优点是：

1）补码表示中，正数和负数互为补码。

2）补码表示中，解决了 0 有 +0 和 −0 两种不同编码的困惑。

3）补码表示最大的优点是符号位和数值位能一起参与加法运算，从而大大简化了电路设计，运算速度也大大加快。

***No.*12** 十进制数 K60 转二进制数等于 111100，取反后的二进制数是 1111111111000011，最高位为符号位，即 –111111111000011，而 111111111000011 转为十进制数是 –32707，那么为什么会出现 –61？

你对 PLC 中正负数的表示理解错了，在 PLC 中，负数是用正数的补码表示。例如：+61 的原码是 0000000000111101，其补码是 1111111111000011，也是 –61 的表示，你认为最高位是"1"，是负数，后面 15 位的十进制数为 32707（原码表示），所以为 –32707，这是原码表示法，但不是 PLC 中数的补码表示法。

***No.*13** 老师，一个数 1111110000111001，我知道它是负数（最高位为 1），但是负多少我搞不懂，它到底是负多少呢？

在 PLC 中，负数是用正数的补码表示，而且，正数和负数互为补码。根据这个原则，求一个负数是多少，只要求出它的补码，然后算出这个补码的值，就是补码表示负数的值。

1111 1100 0011 1001 是多少？先求其补码（求反加 1），其补码是 0000 0011 1100 0111，转换成十进制数是 967，所以，1111 1100 0011 1001 是 –967。

***No.*14** 我在三菱手册上看到 BIN 加法运算，这里的 BIN 是什么意思？

三菱手册中，凡指令标有 BIN 的其含义是带符号整数，即该指令仅适用于带符号整数的运算功能。

No.15 一个 16 位的二进制数，其最大值应为 65535，为什么很多资料上都说是 32767 呢?

一个二进制数所表示的最大值是多少，是由表示方法所决定的，如果是纯二进制数，则 16 个 1 表示最大值，为 65535。在 PLC 中所处理的带符号数，最高位为符号位，不能计入数值中，因此，实际数值是由后面 15 位二进制数所表示的，15 个 1 为最大值，即十进制数 32767。

No.16 为什么把 K59926 传送到 D0 传送不了，改成 K29926 就可以传送了?

在三菱 FX 系列 PLC 中，如果数据存储器 D 是存储数值的话，是以带符号的整数来存储的。一个数据存储器是一个 16 位二进制数，其中最高位为符号位，其余 15 位才是数值大小，因此，一个 D0 的存储数值范围在 -32768~32767 之间。

K59926 大于 K32767，所以存不了。而 K29926 小于 K32767，所以可以传递。如要传送 K59926，则必须用双字（D1、D0）进行传送。

No.17 我知道带符号整数在 PLC 中的表示方法，那么，小数是怎么表示的呢?

带符号整数虽然解决了整数的运算，但数的运算精度及数的运算范围都不能满足要求，必须解决 PLC 中小数表示和运算的问题。

目前，在 PLC 中是采用美国电气与电子工程师协会（IEEE）制定的标准来表示小数的，称为二进制浮点数（小数）表示法。

二进制浮点数表示法是用一个 32 位二进制整体来表示，其格式如下图所示。

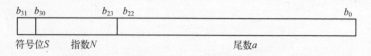

32 位二进制位分成三部分：符号位 S、指数 N 和尾数 a。

符号位 $S = b_{31}$：这是表示浮点数正负的标志位，为 "0" 则表示正数，为 "1" 表示负数。

指数 N：从 $b_{23} \sim b_{30}$ 其占用 8 位，各位的位权从 b_{23} 开始依次为 2^0，2^1，2^2，…，2^7。$N = b_{23} \times 2^0 + b_{24} \times 2^1 + \cdots + b_{29} \times 2^6 + b_{30} \times 2^7$。$N$ 的取值范围为 $0 \sim 255$。

尾数 a：从 $b_0 \sim b_{22}$ 共占用 23 位，各位的位权从 b_{22} 位开始依次为 2^{-1}，2^{-2}，2^{-3}，…，2^{-22}，2^{-23}。$a = b_{22} \times 2^{-1} + b_{21} \times 2^{-2} + \cdots + b_2 \times 2^{-21} + b_1 \times 2^{-22} + b_0 \times 2^{-23}$。

浮点数的数值由下式决定：

$$浮点数 = (-1)^S \cdot (1+a) \cdot 2^{N-127}$$

No.18 浮点数运算中的浮点数是什么意思？浮点数跟小数有什么区别？

为什么叫浮点数呢？因为在小数的表示中，采用了科学记数法中小数点根据实际数值进行移动的方法。

浮点数在计算机技术中，就是指小数或实数。浮点数的运算就是实数的运算。

No.19 为什么浮点数四则运算指令没有 16 位？

在计算机技术中，浮点数的存储方式是按照符号位、指数位和尾数位的格式存储在一个 32 位二进制数中，因此，浮点数的运算必须是 32 位运算。所以，没有 16 位运算。

No.20 四则运算一般都用在什么地方？

四则运算是指整数和小数（浮点数）的加减乘除运算，在开关量控制中应用较少，但如果涉及模拟量控制、定位控制和通信控制都会碰到数据运算问题。这时就会经常碰到四则运算，特别是模拟量控制中，对标定的处理一定会碰到四则运算的问题。

No.21 PLC 控制系统可以完成哪些控制功能？

目前 PLC 控制系统已经广泛地应用在所有的工业部门，主要有以下几个方面：

（1）开关量逻辑控制

这是 PLC 最基本最广泛的应用，开关量逻辑控制可以用于单台设备，也可以用于自动生产线。如各种继电控制，化工系统中各种泵和电磁阀的控制，冶金系统的高炉上料系统、电镀生产线、啤酒灌装生产线、汽车装配生产线控制等。

（2）运动控制

PLC 可用于对直线运动或圆周运动的控制。世界上各主要 PLC 厂家生产的 PLC 几乎都有运动控制功能。PLC 的运动控制功能广泛地用于各种机械，如金属切削机床、金属成型机械、装配机械、机器人、电梯等。

（3）闭环过程控制

过程控制是指对温度、压力、流量等连续变化的模拟量的闭环控制。现代的大中型 PLC 一般都有 PID 闭环控制功能，PLC 的模拟量 PID 控制功能已经广泛地应用于轻工、化工、机械、冶金、电力、建材等行业。

（4）数据处理

现代的 PLC 具有数学运算（包括矩阵运算、函数运算、逻辑运算）、数据运算、转换、排序和查表、位操作等功能，可以完成数据的采集、分析和处理。

（5）通信

PLC 的通信包括 PLC 之间的通信、PLC 和其他智能控制设备的通信。随着计算机控制的发展，近年来国外工厂自动化通信网络发展得很快，各著名的 PLC 生产厂商都推出了 PLC 之间的网络系统。

No.22 从哪几方面去比较 PLC 性能的高低？

PLC 的性能可以由下面几个指标来比较：

1. 输入/输出点数

输入/输出点数是 PLC 组成控制系统时所能接入的输入/输出信号的最大数量，表示 PLC 组成系统时可能最大的规模。

2. 应用程序的存储容量

应用程序的存储容量是存放用户程序的存储器的容量，表示 PLC 应用程序编写的规模。

3. 运算处理速度

一般以执行基本指令所需要的时间来衡量。

4. 编程语言

编程语言是指用户与 PLC 进行信息交换的方法，PLC 使用的编程语言方法越多则容易被更多人使用。

5. 指令功能

指令功能是编程能力的体现。而衡量指令功能的标准一是指令条数的多少，二是综合性指令的多少。

6. 可扩展性

可扩展性一是指 PLC 的功能扩展，即 PLC 从开关量控制扩展到模拟量控制、运动量控制、通信和网络控制的功能扩展；二是指生产商为上述扩展功能开发的功能扩展选件的多少。好的扩展性表示 PLC 的应用范围广，能进行多种方式的控制。

No.23   为什么说 PLC 系统可靠性高、抗干扰能力强？

PLC 系统可靠性高、抗干扰能力强，主要体现在：

1）PLC 系统是一种数字控制设备，数字控制设备采用脉冲信号处理，其本身就比模拟量控制抗干扰能力强。

2）PLC 采用周而复始的顺序扫描工作方式，在扫描期间，外界信号的干扰是不能影响 PLC 工作的，增加了 PLC 的抗干扰性和可靠性。

3）同时，在硬件设计上，为了提高抗干扰性能，PLC 的开关量输入/输出均采用光耦器件，使 PLC 内部电路与外部电路之间做到了电隔离，较好地消除了外部电磁干扰对 PLC 内部所产生的影响。而且，PLC 的电源线路与 I/O 回路还设计了多重滤波电路，如 LC 滤波器、RC 滤波器、数字滤波器等，以减少高频干扰的影响。以上硬件设计使得 PLC 具有抗干扰能力强、可靠性高等特点。

No.24 PLC 的物理结构有哪几种？它们的代表类型是哪些 PLC？

PLC 的物理结构是指如何把 PLC 的硬件结构各部分组成可使用的 PLC 实体。

1. 整体式 PLC

整体式又叫作单元式或箱体式，它把 CPU 模块、I/O 模块和电源模块装在一个箱状的机壳内，结构非常的紧凑，体积小，价格低。三菱的 FX1S PLC 为典型的整体式 PLC 产品。

2. 模块式 PLC

模块式 PLC 用搭积木的方式组成系统，它由框架和模块组成。模块插在模块插座上，模块插座焊在框架中的总线连接板上。模块式 PLC 的价格较高，大中型 PLC 一般采用模块式结构。

三菱的 Q 系列 PLC、西门子的 S7-300/400 PLC 均为典型的模块式 PLC 产品。

3. 混合式 PLC

混合式 PLC 吸收了上述两种 PLC 的优点，它有整体式的基本单元，又有模块式的扩展单元，各单元之间用扁平电缆连接，紧密拼装在导轨上，组成一个整齐的长方体。组合形式非常灵活，完全按需要而定。它是模块式的结构，整体式的价格，目前中小型 PLC 均采用混合式结构。

三菱的 FX1N、FX2N、FX3U PLC 为典型的混合式 PLC 产品。

No.25 PLC 有哪两种工作模式？每个工作模式执行哪些工作阶段？

PLC 有运行（RUN）与停止（STOP）两种基本工作模式，有内部处理等五种工作处理阶段，如下图所示。

1. STOP 工作模式（编程模式）

在 STOP 工作模式，PLC 反复执行内部处理和通信服务等工作。在内部处理阶段，PLC 主要进行系统初始化、自诊断、检测 CPU 模块内部的硬件是否正常等工作，以确保系统可靠运行。在通信处理阶段，PLC 主要是和外部设备作通信联系，进行用户程序的编写和修改，更新显示内容。

2. RUN 工作模式（运行模式）

在 RUN 工作模式，PLC 也是反复执行五个阶段的操作，而输入处理、程序处理、输出处理则是 PLC 执行用户程序的三个阶段。

*No.*26　请老师介绍一下 PLC 中的程序设计语言，是不是一种 PLC 只能有一种编程语言？

目前 PLC 常用的编程语言有指令表、梯形图、顺序功能图、功能块图和结构文本设计语言。

1. 指令表 (IL)

指令（语句）表也叫助记符或列表，是基于字母符号的一种语言，类似于计算机的汇编语言。指令语句表编程语言是最基本的程序设计语言。它可以用最简单的编程工具——手持编程器进行编程。多数 PLC 都配备指令语句表语言。

2. 梯形图 (LD)

梯形图编程语言习惯上叫梯形图。其源自继电控制系统电气原理图的形式，也可以说，梯形图是在电气控制原理图上对常用的继电器、接触器等逻辑控制器件简化符号演变而来的。

梯形图语言优点非常突出，形象、直观、易学、实用，用户容易接受，是目前所有 PLC 都具备的编程语言，也是用得最多的一种 PLC 编程语言。

3. 顺序功能图 (SFC)

顺序功能图语言（SFC）是后来发展起来的一种程序设计语言，主要用来编制顺序控制程序。由于在实际逻辑控制中，大部分都可以用顺序控制来描述，所以顺序功能图得到了广泛的应用。

目前，大多数 PLC 都能在编程软件上使用顺序功能图编程语言。但顺序功能图不能像指令表或梯形图那样直接输入 PLC，而仅仅作为组织编程的工具，然后再用人工或用编程软件转换成指令语句表或梯形图输入 PLC。

4. 功能块图 (FBD)

功能块图编程语言是一种对应于逻辑电路的图形语言，广泛用于过程控制。功能块图语言是用图形化的方法，以功能模块为单位，来描述控制功能。

5. 结构文本 (ST)

结构文本是基于文本的高级程序设计语言，和计算机语言 Basic、Pascal 及 C 语言相类似。

一种 PLC 可以有几种编程语言供在不同环境下选用，而梯形图是所有 PLC 都具备的编程语言。

No.27　PLC 的存储器有哪几种类型？它们在 PLC 中分别起什么作用？

PLC 中的存储器有三种类型，如下所述：

1. RAM（Random Access Memory）

RAM 又称随机存储器，是一种随时可以读/写的存储器。它的特点是：存新除旧，断电归 0。RAM 是 PLC 中存储容量最大的存储器类型。在 PLC 中，RAM 主要存储用户程序，包括 PLC 内部所有位软元件和字软元件的存储。它又分为断电保持和断电不保持两种类型，断电保持型在断电后通过内部锂电池对存储状态进行保持，断电不保持型即断电后会全部为 0。

2. EPROM（Erasable Programmable Read Only Memory）

EPROM 又称可擦写只读存储器，只读的意思是一旦写入，只能读出。在断电情况下，存储器内容会保持不变，不需要外加电源。在 PLC 中，EPROM 主要用来存放操作系统程序、编译程序、监控管理程序、诊断程序和各种功能指令子程序等，用户不能读/写。这些程序非常重要，它和硬件一起决定了 PLC 的性能。

3. EEPROM（Electrical Erasable Programmable Read Only Memory）

EEPROM 又叫 E^{2}PROM，为电可擦写只读存储器。与 EPROM 的不同之处在于，EPROM 是用紫外线专用的设备来进行擦写的，而 EEPROM 则可以用编程器或在计算机上用编程软件进行擦写。这样，EEPROM 既具有 ROM 的性能，断电后能保存其存储内容，又具有 RAM 可读/写的性能，在一些没有电池的 PLC 中，用 EEPROM 来存放用户程序和作为断电保持寄存器用。

No.28 PLC 是开关量控制器，输入、输出都是开关量，我一直不明白，它是怎么控制模拟量的？

PLC 是数字控制设备，其本身只能控制开关量，不能直接输入、输出和控制模拟量，那么 PLC 是如何控制模拟量的呢？

首先，通过厂家开发的模拟量输入模块（A-D）把模拟量（电压、电流）转换成数字量送入 PLC。PLC 则根据控制要求对这些数字量进行运算处理，然后，将运算结果再通过厂家开发的模拟量输出模块（D-A）转换成模拟量（电压、电流）送出去控制相应的放大电路或执行器。

No.29 在定位控制中，步进电动机是用脉冲串驱动的，但伺服电动机是电压驱动的，那么 PLC 是如何驱动伺服电动机的？

一般来说，由于交流伺服电动机的工作电压是三相交流电，因此 PLC 是不能直接控制交流伺服电动机的。这就需要在 PLC 和伺服电动机之间增加一台中间设备——伺服驱动器（又叫伺服放大器）。伺服驱动器就是把 PLC 所发出的控制信号转换成伺服电动机可接收的三相电压信号，从而达到用 PLC 去控制伺服电动机运转的目的。

PLC 可以用两种信号去控制伺服驱动器：一种是脉冲信号，由 PLC 直接从高速脉冲输出端口发出，所发出脉冲的频率可以控制电动机的转速，而脉冲串的数目决定电动机转动的角度；另一种是 PLC 采用模拟量控制方法，直接从 D-A 模块输出电压或电流信号送入伺服驱动器去控制电动机的转速。

在定位控制中，PLC 是通过发出脉冲信号来控制伺服电动机的转速和转动角度的。

No.30　我参加培训时，培训老师说，如果不学通信控制，就成不了工控高手。是这样吗？学习通信控制应重点学习哪些内容呢？

的确，通信控制由于其无可替代的优点——简单，通信距离长，控制范围广，已成为工业控制主要的控制方式了。不学通信控制，PLC 的控制应用受到了很大的限制，当然成不了工控高手。学习通信控制主要是学习下面这几点：

1. 串行异步通信基础知识

在工业设备通信控制中，通信是数字通信，数字通信中采用的又是串行异步通信方式。因此，学习串行异步通信的相关知识是学习工业设备通信控制的基础。

2. 通信接口标准

通信必须通过硬件电路来完成，这个硬件电路已形成了标准，叫作通信接口标准。在工业控制中，最常用的是 RS232C 和 RS485 这两个通信接口标准。学习的重点不是接口电路的结构和原理，而是标准所表示的电气特性、传输方式、工作方式、介质要求、传输距离等性能参数。

3. 通信协议

如果说通信接口标准是硬件标准，那通信协议就是软件标准。通信协议有两个内容：一是通信格式，这是兼顾软件和硬件的一个字符的通信规程，是通信双方首先要设置的；二是数据格式，又叫报文格式、数据信息帧等，是双方对一串字符的通信规程。

4. 各种通信模块和通信设备的连接、使用等实践知识

*No.*31 老师，你能介绍一下三菱 FX 系列 PLC 的产品的系列及其发展吗？

三菱小型可编程序控制器（PLC）早期的系列产品有 F1 系列、F1J 系列、FX2 系列、FX2C 系列、FX 系列、FX0 系列、FX0S 系列和 FX0N 系列。系列众多，令人眼花缭乱。到了 2006 年，上述系列产品陆续停止生产了，退出了历史的舞台。它们的替代产品是 FX1S 系列、FX1N 系列、FX2N 系列和 FX1NC、FX2NC 系列。即所谓的 PLC 第二代 FX 系列产品。而在 2005 年，三菱又推出了第三代 PLC 系列产品 FX3U。在很长一段时间里，FX3U 与第二代 PLC 系列产品一直同时生产和销售，但销量最大的仍然是 FX1N 和 FX2N 系列产品。一直到 2013 年 3 月，三菱公司才宣布停止生产 FX2N 系列产品（但保留了很多扩展选件），替代产品为 FX3U 系列。到了 2015 年 12 月，三菱公司宣布 FX1S 和 FX1N 系列产品也停止生产，并推出了替代产品 FX3S 和 FX3G。至此，第二代 FX 系列 PLC 全部停止生产，而第三代 FX 系列产品 FX3U、FX3G 和 FX3S 正式走上 PLC 的历史舞台。

*No.*32 2015 年 3 月，三菱已停止生产 FX2N，替代产品是 FX3U，请老师介绍一下 FX3U PLC 的性能。

FX3U 系列 PLC 是三菱公司最新开发的第三代小型 PLC 系列产品，它是目前三菱公司小型 PLC 中性能最高、运算速度最快、定位控制和通信网络控制功能最强、I/O 点数最多的产品，其完全兼容 FX1S/FX1N/FX2N 系列的全部功能。

FX3U 系列的主要性能特点如下：

1）业界最高的运算速度。FX3U 系列基本逻辑指令的执行时间为 0.065 μs/条，应用指令的执行时间为 1.25 μs/条。是目前各种品牌的小型微型 PLC 中运算速度最高的。

2）最多的 I/O 点。基本单元加扩展可以控制本地的 I/O 点数为 256 点，通过远程 I/O 连接，PLC 的最大点数为 384 点。I/O 的连接可采用源型或漏型两种方式。

3）最大的存储容量。用户程序（RAM）的容量可达 64000 步，还可以扩展采用 64000 步的"闪存（Flash ROM）"卡。

4）通信与网络控制。FX3U 基本单元上带有 RS422 编程接口，另外，通信通道也增加到 2 个。通过扩展不同的通信板可以转换成 RS232C/RS422/RS485 和 USB 等接口标准，可以很方便地与计算机等外部设备连接。

5）定位控制功能。FX3U 系列在定位控制上也是功能最强大的。输入端口可接收 100 kHz 的高速脉冲信号。高速输出端口有三个，可独立控制 3 轴定位。最高输出脉冲频率达 100 kHz。

6）编程功能。FX3U 系列在应用指令上除了全部兼容 FX1S/FX1N /FX2N 系列的全部指令外，还增加了如变频器通信、数据块运算、字符串读取等多条指令，使应用指令多达 209 种。在编程软元件上，不但元件数量大为增加，还增加了扩展寄存器 R、扩展文件寄存器 ER。在应用常数上，增加了实数（小数）和字符串的输入。还增加了非常方便使用的字元件位，指定和缓冲存储器 BFM 直接读写字元件。

No.33 听说 FX1S、FX1N 与 FX2N 停产了，它的替代产品是什么 PLC？

是的，2013 年停产 FX2N，2015 年停产了 FX1S 和 FX1N。它

们的替代产品是: FX3U 替代 FX2N, FX3G 替代 FX1N, FX3S 替代 FX1S。

No.34　FX3U 与 FX3UC 有什么区别?

在三菱 FX 系列产品中, 带有后缀 "C" 的为可扩展紧凑型的 PLC 系列产品, 例如 FX1NC、FX2NC 和 FX3UC 等。这些产品的性能特点与 FX1N、FX2N 和 FX3U 基本相同, 不同在于其 I/O 端口的形式不同。不带 "C" 的为端子排型的 I/O 端口, 即用螺钉压紧的端子排结构, 端子分为可拆卸和不可拆卸两种。带 "C" 的产品为连接器型的 I/O 端口, 即所有端口都是插头、插座方式连接的结构。另外, 在使用扩展选件上也有所不同。

对 FX3UC 来说, 还内置了 CC-Link/LT 主站功能, 节省了空间和配线。

No.35　老师, 听说 FX3G 是 FX1N 的替代产品, 那么与 FX1N 相比, FX3G 有哪些性能特点呢?

FX3G 是作为 FX1N 的替代升级产品而推出的。它既保留了 FX1N 简易型多功能的优势。同时, 又充分吸收了 FX3 系列的许多创新技术, 为客户的小型系统提供了最适宜的高性能产品。与 FX1N 对比, FX3G 的性能得到了全面提升, 具体如下:

1) 最大 I/O 点数由 128 点上升到 256 点。

2) 输入端口采用了 S/S 端口连接, 可根据实际接成源型或漏型输入。

3) 程序容量由 8K 步提高到 16K 步, 可以扩展到 32K 步。

4) 运算处理速度由 0.7μs 提高到了 0.21μs。

5）辅助继电器由 1536 点上升到 7680 点。

6）数据寄存器由 8000 点上升到 32000 点。

7）高速脉冲输出端口由 2 点扩充成 3 点。

8）有两路高速通信接口：RS422 和 USB。

9）可安装两块扩展板。

10）比 FX1N 新增加了 29 种功能指令，使功能指令达到 122 条，有浮点数运算指令和变频器通信指令。

11）可设置二级登录关键字（密码）。

No.36 请问老师，三菱 FX3G 与 FX3GA 有什么区别？

主要区别是 FX3GA 是由中国本土生产的，仅能在中国销售，因为它没有欧盟和美国的认证，没有 CE 和 UL/cUL 认证标志。而 FX3G 是国外生产的，有 CE 和 UL/cUL 认证标志，可在世界各地销售。显然，FX3G 产品标识上要高于 FX3GA。

还有一个区别是 FX3GA 只能扩展一块 BD 板，而 40 点以上的 FX3G 可以扩展两块 BD 板。

No.37 请老师介绍一下 FX3S 的性能规格。

FX3S 是 FX1S 的升级产品。同样，它不但保留了 FX1S 的优点，还充分吸收了 FX3 系列许多创新技术。其性能规格如下：

1）最大输入/输出点数为 30 点，不可扩展。

2）输入端口采用 S/S 端口，可接成源型或漏型输入。

3）程序容量为 4 K 步，可提高到 32 K 步。

4）运算处理速度为 0.21 μs。

5）辅助继电器 1948 点，状态继电器 256 点。

6）数据寄存器 5000 点。

7）具有两路高速脉冲输出端口：Y0 和 Y1。

8）有两路高速通信接口：RS422 和 USB。

9）可在左侧扩展模拟量适配器和通信适配器各一个。

10）可连接以太网或 MODBUS 特殊适配器。

11）功能指令有 116 种，有浮点数运算指令和变频器通信指令。

12）可设置二级登录关键字（密码）。

No.38 我想从设备的 PLC 上读出程序，但要求输入登录字，老师，能破解下程序的密码吗？

从法律角度来看，任何一款软件（包含梯形图程序）都是有著作权的，是受法律保护的。程序设计人设置登录字（即密码）就是对自己著作权的一种保护手段。任何破解和盗取密码都是不合法的。但是，目前中国的著作权保护环境还需完善，网上会有一些破解密码软件，但这并不合法。

No.39 老师，能给我们说说 PLC 的所谓扩展选件吗？

PLC 能够从开关量控制扩展到模拟量控制、运动量控制、通信和网络控制，完全是依靠众多的扩展选件来完成的。三菱公司为 FX 系列 PLC 开发了众多的扩展选件，现对这些选件的叫法做一些说明：

1）基本单元：为 PLC 控制系统的主机，内含电源、CPU、I/O 接口及程序内存，是控制系统必须有的单元，所有的扩展选件都是在基本单元的基础上进行扩展的。

2）扩展单元：为基本单元的 I/O 扩展，外接电源，有内置电源。

3）扩展模块：为基本单元的 I/O 扩展，不带内置电源，需从基本单元、扩展单元获得电源供给。

4）特殊功能单元：为基本单元的模拟量、运动量、通信及网络控制功能的扩展。内置电源，占用 I/O 点数，与基本单元外部连接。

5）特殊功能模块：为基本单元的模拟量、运动量、通信及网络控制功能的扩展。不带内置电源，需从基本单元、扩展单元或外部获得电源供给。占用 I/O 点数，与基本单元外部连接。特殊功能模块一般安装在基本单元的右侧。

6）功能扩展板：为基本单元的功能扩展，是直接内置于基本单元上，每一个基本单元仅能内置一块或两块功能扩展板，不占用 I/O 点。

7）特殊适配器：将外置信号（模拟量信号、通信信号）直接转换成 PLC 可接收的数字量信号或用 PLC 指令可以控制的信号的接口转换装置扩展选件。特殊适配器不占用 I/O 点数，与基本单元外部连接，一般安装在基本单元的左侧。

8）存储器盒：是基本单元的程序内存的扩充。直接内置于基本单元上，一个基本单元仅能内置一块存储器盒。

9）显示模块：直接内置于基本单元上的显示选件。可实现实时时钟、错误信息的显示；实现对定时器、计数器和数据寄存器进行监控和设定值修改。

*No.*40 同样都是扩展 PLC 的 I/O 点数，为什么有的叫扩展模块，有的叫扩展单元？

FX 系列 PLC 的 I/O 点的扩展选件有两种，它们的主要区

别是:

1) 扩展单元。需要外部电源输入,且有内置直流电源供其本身的 I/O 点或后面的扩展模块 I/O 点用,其扩展的 I/O 点数只有 32 点和 48 点两种。

2) 扩展模块。没有外部电源输入,也没有内置直流电源,所需电源由基本单元提供,其扩展的 I/O 点数在 16 点以下,有输入模块、输出模块和输入/输出混合模块等。

No.41 三菱 FX PLC 的特殊功能模块是干什么用的?有哪些类型?

特殊功能模块是三菱生产商为扩充 PLC 在模拟量控制、运动量控制和通信控制方面应用而开发的扩展选件。

特殊功能模块按照其用途可分为模拟量输入/输出模块(含温度输入模块)、定位控制模块(含高速脉冲输出模块)和通信模块等。

No.42 三菱 FX PLC 的功能扩展板是干什么用的?有哪些类型?

功能扩展板也是 PLC 的一种扩展选件,主要用于模拟量、通信和 I/O 扩展上。功能扩展板做成板卡形式,直接安装在基本单元上,没有 DC24V 电源消耗,是一种经济、小型的扩展选件。被多数用户作为首选的扩展选件。

大多数 FX 系列 PLC,一个基本单元仅能扩展一块功能扩展板,而 FX3G PLC 则可以扩展两块功能扩展板。

*No.*43 什么叫适配器？它和特殊功能模块有什么区别？

适配器实际上就是信号转换或传送设备。将外置信号（模拟量信号、通信信号）直接转换成 PLC 可接收的数字量信号或用 PLC 指令可以控制的信号的接口转换装置扩展选件。它和特殊功能模块一样，都是 PLC 重要的扩展选件。它们都可以和 PLC 一起完成模拟量、通信和定位控制功能。在实际使用中，它们还是存在较大区别的。

1) 在安装上，功能模块是装在 PLC 右侧，它是通过数据线和 PLC 连接的。而适配器安装在 PLC 左侧，它是通过端口连接方式和 PLC 连接的。

2) 在使用上，特殊功能模块内部有很多缓冲存储器，PLC 通过程序指令对这些缓冲存储器进行读/写来完成信息传递和控制功能。而适配器与 PLC 是通过不断对链接软元件进行刷新、读取来完成信息传递和控制功能的。

*No.*44 三菱 FX 系列 PLC 有哪些类型的电源？它们是做什么用的？

三菱 FX 系列 PLC 有三种类型的电源，一种是输入电源，分为交流和直流两种，交流电源输入是 AC100~240 V，直流是 DC24 V。

PLC 还有两种内置电源：一种是直流 DC24 V，向外部提供 24 V 直流电流，另一种是直流 DC5 V 电源，是 PLC 内部数字电路的电源。这两种直流电源是输入交流电源经整流电路获得的，当输入交流电源切断后，它们也停止输出。

另外，很多 PLC 内部还有一块锂电池。它的作用是当外部输入电源断开后，由它提供电源以保持部分数据寄存器的内容不至于在断电后丢失。

No.45 三菱 FX PLC 的输入端口电路有哪几种形式？各自有什么特点？

FX 系列 PLC 的输入端口有两种输入方式。

1. 漏型输入方式

这种输入方式的特点是：输入端口电路的公共端接内置 24 V 电源的正极，内置 24 V 电源的负极为输入端口的公共端。这样，输入信号回路的电源由内置 24 V 电源提供。对 PLC 输入端口来说，是电流输出型（漏型）电路。当外接 NPN 型电子开关时，可以直接利用内置电源做电子开关电源和信号回路的电源。这种方式的缺点是，输入方式固定为漏型输入，不能直接接 PNP 型电子开关。

采用漏型输入方式的 PLC 有 FX1S、FX1N 和 FX2N 系列。

2. S/S 端输入方式

这种输入方式的特点是：所有输入端口电路的公共端接在一起，称为 S/S 端。内置电源是单独的两个端口。根据 S/S 端和内置电源端口接法的不同，可以形成源型和漏型两种形式的输入电源，使用起来十分灵活。

所有的 FX3 系列 PLC 都采用 S/S 端输入方式。

No.46 PLC 输出接口电路有哪几种形式？各自有什么特点？适用于哪些控制场合？

PLC 输出接口电路有以下几种形式：

1）继电器输出：输出是继电器的触点。特点是负载能力大，但开关速度低，长期高频率使用，触点容易损坏，适用于交直流电源负载。

2）晶体管输出：输出是晶体管开关。特点是开关速度高，可以输出高速脉冲串，但负载能力低，只能应用于直流电源负载。

3）晶闸管输出：输出是晶闸管开关，开关速度最高，但负载能力低，只能应用于交流电源负载。

No.47 FX 系列 PLC 具有哪些运算功能？

三菱 FX 系列 PLC 的运算功能分为三种：

1）带符号整数（BIN 数）算术运算功能和部分函数运算功能。

2）实数（小数、浮点数）算术运算功能和部分函数运算功能。

3）两个多位二进制数的逻辑位运算功能。

不同系列的 PLC 对上面三种的运算功能的处理能力是不同的，FX3U 的运算能力最全；FX3G、FX3S、FX2N 虽有实数运算能力，但不能直接输入小数；而 FX1S、FX1N 不具备实数处理能力。

No.48 什么是编程软元件？FX3 系列有哪些编程软元件？

PLC 内部有许多具有不同功能的器件，这些器件通常都是由电子电路和存储器组成的，它们都可以作为指令中操作数的地址，在 PLC 中把这些器件统称为 PLC 的编程软元件。

三菱 FX 系列 PLC 的编程软元件可以分为位元件、字元件和其他三大类。位元件是只有两种状态的开关量元件；而字元件是以字为单位进行数据处理的软元件；其他是指立即数（十进制数、十六进制数和实数)、字符串、嵌套层数 N 和指针 P/I。

位元件有 X、Y、M、S、C、T 和 D□.b。字元件有 T、C、D、R、ER、V、Z、U□∖G□ 和组合位元件 KnXX。其中定时器 T 和计数器 C 比较特殊,它们的触点属于位元件,而它们的设定值和当前值为字元件。其他编程元件有常数 K/H 和实数 E、字符串、嵌套 N 和指针 P/I。

每一种编程软元件都有很多个,少则几十个,多则几千个,为了区别它们。对每个编程软元件都进行了编号,叫作编址。在三菱 FX 系列 PLC 中,除 X、Y 为八进制编址外,其他都是十进制编址。某些特殊的编程元件则按其规定进行编址。编程软元件的编址规定从 0 开始。

No.49 三菱 FX 系列 PLC 的指令是如何分类的?不同系列的 PLC 指令一样多吗?

梯形图是 PLC 最常用的设计语言,而梯形图就是由图形和指令堆砌而成。所以 PLC 的指令多少和指令功能的强弱从一个方面体现了 PLC 的性能和功能。

一台 PLC 所具有的指令的全体称为该 PLC 的指令系统,FX 系列 PLC 的指令系统由基本指令集和功能指令组成。

1. 基本指令集

基本指令集由触点指令、线圈输出指令和基本操作功能指令所组成。其中触点指令、线圈输出指令在梯形图中是以图形符号出现的,不会出现指令助记符。基本操作功能指令则由助记符和操作数组成。

基本指令集是所有品牌 PLC 必须具备的,是程序中使用最多的指令。掌握了基本指令集的使用,设计开关量逻辑控制程序是没问题的。这也是所有学习 PLC 的学员所必须要学习和熟练掌握的指令。

2. 功能指令

功能指令又叫应用指令。功能指令是指完成某个特定功能的指令。实质上，功能指令就是一个一个的子程序。功能指令的多少和功能的强弱体现了 PLC 编程能力的大小。不同系列的 PLC 功能指令数量是不同的。

FX3S 的功能指令有 116 种，FX3G 有 122 种，而 FX3U 有 209 种。对 FX 系列 PLC 来说，功能指令是向下兼容的，FX3U 的功能指令包含了 FX3S 和 FX3G 的所有功能指令。但必须注意，不同品牌的 PLC，功能指令的助记符和功能说明会有差别的。

功能指令主要是对数据量操作的指令，因此，要想学习 PLC 对模拟量、运动量和通信控制应用的话，功能指令是非学不可的。

No.50 如何识别真假三菱 FX 系列 PLC？

仿冒三菱 FX 系列 PLC 一般外观较为粗糙，表面字体也会有差别，但随着仿冒技术的提高，现在仿冒产品外表做得十分逼真，常人根本无法识别。因此，我们不需要去掌握识别真假的本事，需要时到三菱工控产品正规经销商处去购买并保存好发票即可。

No.51 什么是 PLC 循环扫描工作方式？这种方式有什么特点？

PLC 不论处于哪种工作模式，总是在反复地执行其处理阶段所规定的任务。我们把 PLC 这种按一定顺序周而复始的循环工作方式称作扫描工作方式。

循环扫描工作是一种分时串行处理方式，与继电控制系统的并行处理方式是完全不同的。PLC 的这种串行工作的特点避免了继电控制系统中的触点竞争和时序失配问题，因此，其可靠性远比继电控制高，抗干扰能力强。

但是，由于是分时扫描，其响应会有滞后，反应不及时，速度慢。PLC 是以降低响应速度来获取高可靠性的。PLC 的这种控制响应的滞后性，在一般的工业控制系统中是无关紧要的，因为滞后的时间仅仅只有数十毫秒左右，但是对某些 I/O 快速响应的系统，则应采取相应措施减少滞后时间。

*No.*52　PLC 采用的是循环扫描工作方式，为什么会出现中断指令呢？在 PLC 中，中断工作方式存在吗？

的确，PLC 采用的是循环扫描工作方式，但是，在 PLC 中也设计了中断处理方式。一般情况下，PLC 执行的是循环扫描工作方式，但如果接到中断信号，PLC 会马上停止循环扫描，转到中断服务子程序去执行扫描；当碰到中断返回指令时，又回到原来停止循环扫描的程序断点处，继续往下进行循环扫描。所以在 PLC 中，如果存在中断处理方式，必须有中断指令（开中断、关中断）和中断返回指令。

三菱 FX 系列 PLC 都存在中断处理方式。根据中断信号的来源，有三种中断方式：外部信号中断、定时中断和高速脉冲中断。

*No.*53　什么是 PLC 的扫描周期？扫描周期的长短与什么有关？

PLC 在 RUN 工作模式时，执行一次从内部处理到输出处理五个阶段扫描操作所需要的时间叫作扫描周期。

一台 PLC 扫描周期的长短，主要和用户程序的容量及 CPU 的主频有关。用户程序容量大，表示其程序步多，执行时间就要长；而指令的执行速度与 CPU 的主频有关，主频越高，则指令的执行时间就越短，同样的程序容量其扫描周期也短。

*No.*54 经常听到同行说什么看门狗，什么是看门狗？这只狗起什么作用？

看门狗是 PLC 中一个监视定时器的俗称，又叫看门狗定时器。它是由系统自动启动运行的。看门狗定时器的主要作用是监视 PLC 运行周期时间。

它随程序从 0 行开始启动计时，到 END 或 FEND 结束计时。如果计时时间一旦超过监视定时器的设定值，PLC 就出现看门狗出错（检测运行异常），然后 CPU 出错，LED 灯亮并停止所有输出。

*No.*55 老师，有什么方法知道我写的程序扫描周期是多少呢？

如果要知道 PLC 当前的扫描周期，可以直接从 PLC 的特殊寄存器 D8010 中读取，编写程序如下，D10 为程序的当前扫描周期。

LD M8000   MOV D8010 D10

*No.*56 我想延长看门狗定时器的时间，可以吗？要编制程序吗？

FX PLC 的特殊数据寄存器 D8000 就是存储看门狗定时器的设

定值的，通过编程程序修改 D8000 的值就可以改变看门狗定时器的时间，相当于延长了看门狗定时器的值。程序编制如下：

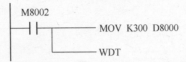

图中，把定时时间修改为 300 ms。其下加了 WDT 指令，表示定时时间由这里开始启动监视，如果不加 WDT 指令，则修改后的监视定时时间要等到下一个扫描周期才开始生效。

监视定时器设定值范围最大为 32767 ms，如果设置过大会导致运算异常检测的延迟，所以一般在运行没有问题的情况下，请置于初始化值 200 ms。

No.57 我对看门狗指令的 WDT 功能和使用不甚了解，老师，能给简单介绍一下吗？

WDT 为监视定时器（看门狗定时器）刷新指令，它的功能是，程序中只要出现了这个指令，看门狗定时器的当前值就被刷新复位为 0。这样，只要在较长的程序中设置了这个指令，前面的程序不管执行多长时间（不超过看门狗定时器设定值），看门狗定时器的设定值被复位为 0，那么后面的程序监视时间又从 0 开始计时。这样，一个扫描周期远大过看门狗设定值的程序，可以在程序中通过反复使用 WDT 指令而使程序能正常运行，不会发生因扫描周期大于看门狗定时器设定值而出现看门狗出错报警的情况。

No.58 PLC 的扫描周期是固定的吗？

PLC 的扫描周期是指执行一次从内部处理到输出处理五个阶

段扫描操作所需要的时间。在一个扫描周期中，主要的扫描时间集中在程序运行中，而在程序中，指令的执行与不执行所占用的时间是不一样的，不同的指令所占用的时间也是不一样的。这样，扫描周期会因程序中指令执行与不执行而不一样。所以，同一程序在不同的扫描周期内，扫描周期是不一样的。

*No.*59 PLC 的扫描周期是越长越好，还是越短越好？为什么？

PLC 的扫描周期主要是由程序的运行时间所决定的。不存在什么越长越好，还是越短越好的问题。但是，同一控制要求，我们希望所设计的程序运行时间越短越好。因为，扫描周期越短，输入信号丢失的可能性越小，而输出的响应速度会快一些。

*No.*60 老师，PLC 的输入信号会丢失吗？是什么原因造成输入信号的丢失？

PLC 在每个扫描周期中，其输入信号是集中输入刷新的。而在程序运行及输入、输出刷新期间，输入的信号变化是不被接收的。因此，如果在上述时间里发生输入信号的变化将会被丢失，这就是造成输入信号丢失的原因。

*No.*61 如果是脉冲信号输入，PLC 对脉冲输入的频率有要求吗？

PLC 在扫描周期内，其输入信号的变化是不被接收的。因此，就要求输入信号的脉冲宽度必须大于扫描周期才不被丢失。这就对输入脉冲信号的频率提出了要求, 一般情况下, PLC 输入端口断开和接通一次的时间应大于 PLC 的扫描时间。如果 PLC 的扫描时间是 50 ms, 则输入端的脉冲信号频率应小于 20 Hz。如果大于 20 Hz, 则会产生脉冲信号丢失或计数丢步问题。

No.62 我不明白, 既然 PLC 对脉冲的频率有一定要求, 为什么 PLC 还能输入高速脉冲呢?

高速计数器为什么能对高速脉冲信号计数? 这是因为高速计数器的工作方式是中断工作方式, 中断工作方式与 PLC 的扫描周期无关, 所以高速计数器能对频率较高的脉冲信号进行计数。但是, 即使高速计数器能对高速脉冲信号计数, 速度也是有限制的。

针对 PLC 输入端口受到 PLC 扫描周期影响而不能输入高速脉冲的情况, PLC 专门开发了特殊的高速计数器, 通过 PLC 指定的输入端口进行高速脉冲输入。

No.63 什么是 PLC 的存储容量? 存储容量的大小是如何表示的?

PLC 的存储容量是指存放用户程序和各种数据的存储器的容量。通常用 K 字 (KW)、K 字节 (KB) 为单位。也有的 PLC 直接用所能存放的程序量表示。在一些文献中称 PLC 中存放程序的地址单位为 "步", 每一步占用两个字, 一条基本指令一般为一步。功能复杂的指令, 特别是功能指令, 往往有若干步, 因而用 "步"来表示程序容量, 往往以最简单的基本指令为单位, 称为多少 K步。如还是用字节表示, 一般小型机内存为 1 KB 到几 KB, 大型机为几十 KB 甚至可达 1~2 MB。

*No.*64 PLC 的存储容量包含系统程序的容量吗?

PLC 内部所有存储器称之为 PLC 内存。PLC 内存一般分为三部分:

1) 系统程序存储器。主要存储 PLC 的系统程序,相当于计算机的操作系统。包括编译程序、监控程序、管理程序、各种子程序等。一般固化在 EPROM 中,与 CPU 配置在一起。

2) 系统 RAM 存储器。包括 I/O 映像区、各种编程软元件的数据存储。这类存储器又分为失电不保持和失电保持两种。

3) 用户程序存储器。主要用来存放用户程序及其数据。

PLC 的存储容量是指 PLC 用户程序存储区的容量。因此,PLC 的存储容量不包括系统程序的程序容量。

*No.*65 PLC 的存储容量是不是专门指用户程序编制的容量?

不是,PLC 的存储容量是指用户程序容量,但用户程序容量是由用户程序、注释、文件寄存器和其他特殊设置所组成,而不是全部用来编制用户程序的。仅当其他全部容量设置为 0 时,PLC 的存储容量才全部是用户程序容量。

*No.*66 李老师,当 PLC 的存储容量不够用时,可以进行扩充吗? 如何扩充?

当 PLC 存储容量不够时,可以进行扩充。扩充的方法是把 PLC 所指定的扩充选件存储盒或存储板安装到 PLC 的基本单元上去，并按照相关的操作去做。

No.67 有人说，PLC 的存储器容量越大越好，是这样吗？

是这样的，一般来说，存储容量越大，用户程序容量也大，可以编制更为复杂的程序，而且从发展趋势来看，PLC 的存储容量总是在不断地增大的。

No.68 李老师，给我们介绍一下 FX 系列 PLC 的存储容量大小可以吗？

FX 系列 PLC 的存储容量及其可以扩充的存储容量如下表所示。

系列	FX1S	FX1N	FX2N	FX3S	FX3G	FX3U
存储容量	2K 步	8K 步	8K 步	16K 步	32K 步	64K 步
扩充容量	2K 步	8K 步	16K 步	40K 步	32K 步	64K 步

No.69 我在往 PLC 里下载一个很小的程序，如果把程序和注释都下载进去显示容量不够，如果单下载程序则正常，我想请教各位前辈，这是为什么？

如果想把 PLC 的程序及其注释一起写入到 PLC 中去，一定要先给注释设置相应的注释容量。如果没有设置注释容量或注释容量设置不够。写入到 PLC 中去的时候，就会出现如你所讲的情况，从而不能写入到 PLC 中去。

No.70 FX 系列 PLC 在哪里进行存储容量的分配设置？

单击工程数据列表（左侧工程栏）"参数"→"PLC 参数"命令，弹出"FX 系数设置"对话框，如下图所示。该对话框包括七个选项卡选择第一张"内存容量设置"选项卡，FX 系列 PLC 就在这张选项卡中进行存储容量分配设置。

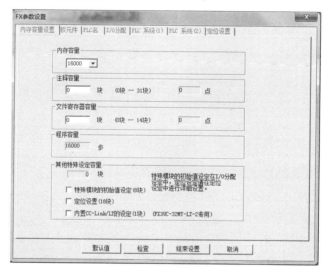

No.71 在 PLC 参数里有一个注释容量，请问这个容量块是根据什么来设定的？比如我怎么知道有多少注释？需要设置几块注释容量？

这个注释容量是根据你的注释内容所注释的文字多少决定的。

一般是先设置一块，程序下载发现注释容量不够时，再增加一块，直到容量够为止，不要去估算几块。注意增加注释容量则减少程序容量。

*No.*72 请介绍一下 FX3 系列 PLC 的型号命名组成及含义。

FX3 系列 PLC 的型号命名结构如下图所示。对其中各部分说明如下：

1）系列。目前 FX3 系列有 3S/3SA/3G/3GA/3GE/3GC/3U/3UC 等系列产品。

2）I/O 合计点数。这里是 I/O 合计点数，FX3 系列所有产品，其点数是输入点和输出点数各为合计点数的 1/2。

3）M 表示该 PLC 是基本单元。基本单元是系列产品中含 CPU、存储器、I/O 接口和电源等组合的整体式 PLC。在 PLC 组成控制系统时，至少必须配备 1 台基本单元。

4）输出方式。这部分标识包括 PLC 的外接电源形式、输入电路的电源形式及输出方式。FX3 系列所有产品其输入方式均为 S/S 端接入方式，根据需要可接成源型或漏型输入。其余的标识符号及其含义如下表所示。

符　号	电　源	输出方式
R/ES		继电器
T/ES	AC 电源	晶体管（漏型）
T/ESS	DC24 V 输入	晶体管（源型）
S/ES		晶闸管（SSR）
R/UA1	AC 电源，AC100 V 输入	继电器
R/DS		继电器
T/DS	DC 电源 DC24 V 输入	晶体管（漏型）
T/DSS		晶体管（源型）

*No.*73　FX3U PLC 基本单元上哪些地方可识别其型号？

三菱 FX 系列 PLC 有三种输出类型：继电器输出、晶体管输出和晶闸管输出。这三种输出方式单从 PLC 的外形上是无法区分的。如果要确定其具体型号，可以通过下面两种方法测定，如下图所示。

一种是观察 PLC 右侧面的铭牌，上面清楚地标志出 PLC 的型号。但一些二手 PLC，铭牌的标志很可能已经褪色而不清楚，这时可以采用第二种方法。

第二种方法是取下 PLC 的上盖板和输出端口端子排盖板，如图 c 所示。在输出端口的左侧有一个很小的字母"R"（或"T"或"S"），它表示了 PLC 的输出类型。同时，在上盖板的位置上会标志有 PLC 的简略型号，如图 b 所示。一般说来，多数是通过第二种方法进行型号确认。

当 PLC 与计算机相连时，可通过编程软件查询特殊数据寄存器 D8001 的内容确定 PLC 的系列。

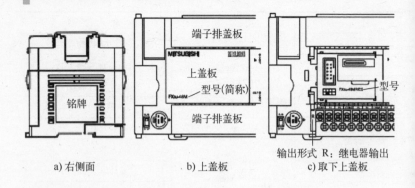

a) 右侧面   b) 上盖板   c) 取下上盖板

*No.*74   PLC 铭牌上的 CE、UL 标志是什么意思？

在许多电气及电子产品包装上，都有如下图所示的一种或两种标识。这两种标识为 CE 和 UL 认证标志。

CE 为一种安全认证标志，凡是在欧盟市场上销售的产品，就必须通过 CE 认证，加贴 CE 标志。

UL 为美国的一种认证标志，它不是强制性的，但它的认证确保产品的安全性。

CE 和 UL 认证标志在消费者的眼里，就相当于产品安全质量的信誉卡，表示产品的使用得到了安全保证。用户在购买产品时，注意是否有 CE 或 UL 认证标志是一种安全的选择。

№.75 李老师，**FX3U 晶体管输出为什么还分源型和漏型两种方式？难道有两种形式的输出电路吗？**

FX3 系列 PLC 输出电路只有一种，即 NPN 管光耦合输出电路。这时，根据发射极 E 是输出公共端还是集电极 C 是输出公共端而形成了源型（ESS、DSS）和漏型（ES，DS）两种输出方式的产品，如下图所示。

由图中可知，漏型输出公共端（COM）为发射极 E，外接电源负极，电流流入输出端；源型输出公共端（V+）为集电极 C，外接电源正极，电流从输出端流出。两种输出方式的产品接线不能搞错。

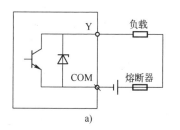
a)

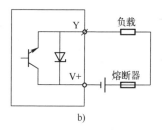
b)

№.76 请老师说明型号 **FX3S/ES-2AD 的 PLC 中 2AD 是什么意思？**

FX3S 系列产品中，有一款产品，除了内置两个模拟量旋钮 VR1、VR2 外，还内置了两路模拟量电压输入端子（V1+、V2+），这款产品标识是在一般型号标注后面加-2AD 以示区别。FX3S-30MT/ES-2AD 就标识这款产品带有两路模拟量电压输入。

***No.*77** FX1S 和 FX1N 的基本单元上，编程口右边有两个可以转动的东西是什么配置？它们是做什么用的？

这两个可以旋转的装置是两个电位器，称为模拟量输入电位器。它的功能是旋转该电位器时，将把其旋转的角度转换成 0~255 的范围里的一个数值自动写入特殊数据寄存器 D8031 和 D8032 中去。如果把 D8031 或 D8032 作为定时器的设定值，就可以调节这两个电位器的旋转角度而改变定时器的设定值。

***No.*78** 李老师，基本单元面板上都有几个表示 PLC 运行状态的指示灯，它们都表示哪些 PLC 运行状态，能给我简单介绍一下吗？

PLC 基本上除了显示输入、输出端口的状态指示灯外，还有几个较大的 LED 指示灯，它们被称为 PLC 状态指示灯。对三菱 FX 系列 PLC 来说，状态指示灯的数量和标识会稍有差别，但所表示的 PLC 状态的含义是基本一致的。

1. POWER LED——电源指示灯

PLC 一接通电源，该灯就亮，如果接通电源后，指示灯闪烁或不亮，表示有故障。

2. RUN LED——PLC 运行指示灯

该灯亮表示 PLC 处于程序运行中，如果不亮，则要通过 RUN/STOP 模式操作测试确定是否发生故障。

3. ERROR LED——PLC 故障指示灯

PLC 故障分为两种情况：一种是程序发生参数出错、语法出错和回路出错时，该灯闪烁显示；另一种是发生看门狗定时器出错或 CPU 故障，这时，该灯常亮。

对 FX2N PLC 来说，ERROR 指示灯变为两个指示灯，一个是 PROG·E LED，该灯闪烁表示程序出错；另一个是 CPU·E LED，该灯亮表示看门狗定时器出错或 CPU 故障。

4. BATT LED——电池电压指示灯

PLC 内置电池电压过低指示灯。该灯亮时，表示应更换电池了。

FX2N PLC 的电池指示灯标识为"BATT·V"，FX3G PLC 标识为"ALM"，含义均相同。

*No.*79 如果通电后，电源指示灯"POWER"不亮，会是哪些原因造成的？

电源指示灯不亮，可能的原因有：①没合上电源；②电源线断开；③接线不正常，不是正常电压；④可能电源指示灯或指示灯电路存在故障；⑤如果 PLC 内部有熔丝，检查熔丝是否熔断。

*No.*80 PLC 一接上电源是不是就处于运行状态？是不是 RUN 灯开始点亮？

PLC 接上电源后，如果 RUN/STOP 模式开关置于 RUN 端，则 RUN 灯亮；而如果置于 STOP 端，则指示灯不亮。也就是说，PLC 通电后，并不一定处于程序运行状态，主要由 RUN/STOP 开关位置而定。

No.81 老师，当我把 RUN/STOP 开关拨到 RUN 位置时，RUN 指示灯不亮，这是怎么回事？

RUN/STOP 模式测试有三种方法，但不管是通过哪种方法，当外部开关或编程软件中软开关置于"RUN"位置时，"RUN"指示灯都会亮，表示 PLC 程序在运行中。如果发现"RUN"指示灯不亮，则可能是 RUN/STOP 开关有故障或 PLC 有故障。

No.82 PLC 发生哪些错误，会出现面板上的"ERROR"灯亮？"ERROR"灯亮后，程序还在运行吗？

ERROR 为 PLC 故障指示灯。错误故障分三种情况：

1）用户程序出现参数错误、语法错误和回路错误。

2）看门狗定时器出错。

3）CPU 发生硬件故障。

不论发生哪种情况使 ERROR 指示灯亮，程序都立即停止运行，并禁止所有输出。

No.83 编程时，如果误将某数送错了数据寄存器 D，PLC 会发现吗？面板上的"ERROR"灯会亮吗？

在编程中，如果程序不涉及参数错误、梯形图语法错误、回路错误等，"ERROR"灯是不会亮的。例如你不小心把 K100 输入为 K10，把数据送错了寄存器等，"ERROR"灯不亮。因为 PLC 不能识别这些错误。

*No.*84 什么是 PLC 的参数错误、语法错误及回路错误？

这三种错误都发生在用户程序中，说明如下：

1）参数错误。指用户程序中各种参数（定位、通信、存储容量、停电保持区域等）设置超出范围或不符合要求。

2）语法错误。指用户程序中梯形图程序编制不符合梯形图规则而产生的错误。例如，指令结构错误、标号重复、地址超出范围、运算错误等。

3）回路错误。指针错误、主控指令、子程序和 SFC 等出现的错误。

*No.*85 如果 PLC 的 CPU 出了问题？能够从状态指示灯上知道吗？

当 PLC 的 CPU 出了问题后，面板上的状态指示灯 "ERROR" 会常亮。

*No.*86 PLC 一接上电源，就发现 "ERROR" 灯亮，是不是 PLC 坏了？

观察一下 "ERROR" 指示灯是何种亮法，如果是常亮，也不一定是 PLC 坏了，也可能是看门狗定时器出错，要仔细排查才能确定。

No.87 PLC 面板上 "ERROR" 指示灯为什么有时候一闪一闪地亮，有时候又不闪？

"ERROR" 错误指示灯亮时分两种情况：一种是程序出错，这时为闪烁地亮；另一种是看门狗定时器出错或 CPU 出错，这时为常亮。因此，根据灯亮时的状态，可以简单判断是 PLC 的哪种错误内容。

No.88 BATT 灯在亮是怎么回事啊？

BATT 灯是电池状态灯，它亮了说明电池电压过低，需要尽快更换电池。

No.89 三菱 FX3G 面板上的 "ALM" 指示灯显示 PLC 的什么状态？

ALM 为电池电压过低指示灯，相当于 FX3U 的 BATT 指示灯。

No.90 PLC 里有一个锂电池，它的作用是什么？

PLC 的内部存储单元分为 ROM 和 RAM 两大类。RAM 为随机存储器，它的性能是存新除旧，断电为 0。在 PLC 中，用户程序（包括参数、软元件注释和文件寄存器）、各种编程软元件中需要断电保持其状态的软元件和内置时钟都是由 RAM 存储器存储的，当 PLC 断电时，上述程序、编程软元件和时钟都会出现数据消失。这是不允许的，而 PLC 内置电池的目的就是在 PLC 断电后，由电池向这些需要保持的 RAM 存储器提供电池，防止在断电后数据丢失。

*No.*91 怎样才知道电池电压过低需要更换呢?

PLC 中电池电压过低可以通过以下三种方法对电池的状态进行监视而获得:

1) 当面板上 "BATT" 指示灯发出红色光亮时, 表示电池电压过低。

2) 编制下面程序, 当 Y1 有输出时, 表示电池电压过低。

3) 编制下面程序, 通过读取 D8005 的内容可以监控电池电压。

通常, 都是通过第一种方法获取电池电压过低的状态。

*No.*92 FX3U PLC 的电池是几伏的? 可以用普通电压相同的电池换上吗?

FX3U PLC 的内置电池是 3 V 锂电池, 由于安装问题, 一般不能用普通的 3 V 锂电池代替, 应买三菱公司生产的专用电池选件, 型号为 FX3U-32BL。购买时, 注意生产日期不能过久。

*No.*93 老师, 我买了一个电池选件 FX3U-32BL, 但不知道它的生产日期, 怎么办呢?

基本单元的内置电池和电池选件 FX3U-32BL 的生产日期标注

是不一样的。

1. 基本单元内置电池生产日期标注

普通编号
月（例：1月）1～9:1～9月、0:10月、Y:11月、Z:12月
年（例：2004月）后2位表示年份

2. 电池选件 FX3U-32BL 生产日期标注

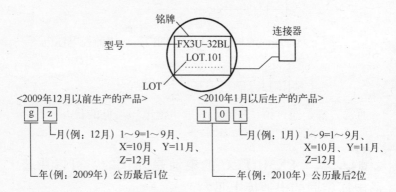

<2009年12月以前生产的产品>

g Z

月（例：12月）1～9=1～9月、
X=10月、Y=11月、
Z=12月
年（例：2009年）公历最后1位

<2010年1月以后生产的产品>

1 0 1

月（例：1月）1～9=1～9月、
X=10月、Y=11月、
Z=12月
年（例：2010年）公历最后2位

$No.94$　是不是面板上的"BATT"指示灯一亮就必须马上更换电池?

　　BATT 指示灯亮红色仅说明电压已接近过低电压。从灯亮开始后 1 个月左右可以保存内存，但不一定会在刚亮红灯时发现。所以，一旦发现亮红灯就必须马上及时更换电池。

*No.*95　老师，FX2N PLC 在运行时，如果拔掉电池程序会不会丢失啊？

一般来说，因为 PLC 内部有充电电容，即使把电池拔掉，电容上的充电电量也足够 RAM 内的数据保持一段时间，所以如果拔掉电池后在短时间内（通常 20 s）再将新电池换上去，程序是不会丢失的，如果拔掉电池长时间不更换新电池上去，程序则会丢失。

*No.*96　三菱 PLC 如何更换电池程序才不会丢失？

1）断开电源，取下电池盖板。

2）将旧电池从电池支架上拔下，并取出电池连接头。

3）装上新电池。先将电池连接头插入 D 处，再将电池放入电池支架中。注意，更换过程（从取出旧电池连接头到插入新电池连接头）务必在 20 s 内完成，超过 20 s，存储区中的数据可能会丢失。

*No.*97　更换电池是不是一定要断开电源？不断开电源更换电池行不行？

手册上要求更换电池时，必须要断开电源，主要是从安全方面考虑，因为很多 PLC 的电源是交流 220 V 的。实际上，不断开电源也一样可以更换电池，但我不建议这样做，我仍然支持断开电源更换电池。

*No.*98 为什么 FX1S、FX1N 没有电池？程序在断电后会不会丢失？

这与存储器的组成结构有关。FX1S、FX1N 的存储器由 EEPROM（可擦写只读存储器）构成。EEPROM 是一种既具有 ROM 性能又具有 RAM 性能的存储器，它和 ROM 一样，断电后能保存存储内容。同时，也可以用编程器或在计算机上用编程软件进行 RAM 型存储器的擦写。因此，当程序或数据写入后，它能在断电后得到保存，同时又可以用编程软件对程序进行修改。这样，就不需要电池来断电保存程序和数据。所以，FX1S 和 FX1N 中没有电池这个选件。必须说明的是，EEPROM 虽然可以进行多次擦写，但它的擦写是有次数限制的。

*No.*99 老师，PLC 的内置电池正常情况下寿命是多长？

电池的寿命为 5 年左右，但根据不同的环境温度其寿命值会变化。温度越高，寿命越短，如在 50° 下工作，寿命仅为 2~3 年，此外，电池也会有自然放电，所以，务必在 4~5 年内更换电池。

*No.*100 三菱 FX3U 的电池选件能用在 FX2N、FX3S 和 FX3G 上吗？

不一样，不同系列的 PLC，其电池选件的大小和结构都会有差别。具体的请查看该系列的 PLC 的硬件手册。

FX 系列 PLC 的电池选件型号如下表：

系列	FX1S	FX1N	FX2N	FX3S	FX3G	FX3U
电池型号	无	无	F2-40BL	无	FX3U-32BL	FX3U-32BL

*No.*101 电池的寿命为 4~5 年，我想知道机上的 FX3U PLC 是哪一年生产的，哪里去找这个资料？

　　FX3 系列 PLC 的生产日期可以从其右侧面的铭牌上找到，如下图所示。在铭牌的"S/N"中记载有号码，再根据说明可以得到产品的生产日期。

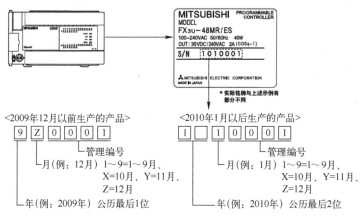

*No.*102 FX3 系列 PLC 到底有几个通信口，两个、三个还是四个？

　　PLC 基本单元的通信口可以理解为 PLC 对外进行通信的端口。端口可以通过通信电缆直接与外部设备相连，也可以通过相应的转换设备与外部设备相连接进行通信。按照这个理解，FX3

系列的通信口分两种情况：FX3S 和 FX3U 有两个通信口，FX3G 有三个通信口。

No.103 编程口是通信口吗？它的通信功能是什么？

编程口是通信口，其主要功能是通过编程电缆和计算机相连接，应用计算机的编程软件（或组态软件）对 PLC 进行程序读/写、状态监控等操作，也可通过组态软件对 PLC 控制系统进行控制、数据采集和监控等操作。

No.104 FX 系列 PLC 的编程电缆型号是什么？能不能自制？

FX 系列 PLC 的编程电缆型号是 SC-09 电缆或者 USB-SC09-FX 电缆。SC-09 为连接计算机串口用，USB—SC09—FX 为连接计算机 USB 口用。

编程电缆可以自制，但我建议还是购买成品电缆为好。自制若稍有不妥，极易发生通信故障。

No.105 编程电缆 SC-09 是不是所有 FX 系列都通用？能适用于其他品牌 PLC 吗？

SC-09 对所有 FX 系列 PLC 是通用的。它一端是 8 针圆口，插在 PLC 的编程口上；另一端是 9 针 DB 口（也叫串口），插在计算机的串口上。

SC-09 编程电缆是三菱公司为 FX 系列专门设计开发的，仅适用于 FX 系列 PLC，对其他品牌 PLC 并不适用。

No.106　FX2N PLC 如何和三菱触摸屏连接？要设置什么参数吗？

FX2N PLC 要和触摸屏连接，可以用 SC-09 电缆的圆口插 PLC 的编程口，串口接到触摸屏的串口上，此外，还要在触摸屏端的系统参数设置里面设置好使用的 PLC 类型为 FX2N、接口类型为 RS232，以及设置端口、波特率等。在 PLC 编程软件的参数里面设置的端口、波特率、校验位、数据位、停止位等要与触摸屏的设置保持一致，这样就可以使 FX2N PLC 触摸屏连接起来。

No.107　FX 系列 PLC 能和其他品牌触摸屏相连接吗？

所有不同品牌的触摸屏基本上都能和不同品牌的 PLC 相连接。能不能连接，主要看两点：一是查看触摸屏的 PLC 选项中，有没有相应型号的 PLC 选项；二是看一下通信口有哪些接口标准，选择相接的通信电缆。

No.108　在 FX3U PLC 上我已经扩展了一块 FX3U-485-BD 板，还想再扩展一块 FX3U-USB-BD 板，怎么扩展？

FX3U PLC 的通信口只能扩展一块功能扩展板，不能同时扩展两块功能扩展板。因此，你只能选择一块进行扩展。

No.109 李老师，是不是 FX 系列 PLC 都只能扩展一块功能扩展板？

FX PLC 中，除了 FX3G PLC 可以扩展两块功能扩展板外，其他的 FX 系列 PLC 都只能扩展一块功能扩展板。

No.110 三菱 FX 系列 PLC 的通信口都是 RS422 标准接口吗？没有其他标准的接口吗？

三菱 FX 系列 PLC 的通信口基本上都是 RS422 标准接口。但也有例外，FX3S 和 FX3G 系列 PLC 除了 RS422 标准通信口外，还配有 USB 标准的通信接口。另外，FX3U 系列 PLC 有 RS422 转换成 USB 的功能扩展板 FX3U-USB 供用户选择。

No.111 FX 系列 PLC 的通信口是 RS422 标准接口，如果我想连接 RS232C 或 RS485 标准接口的设备能直接连接吗？

FX 系列 PLC 通信口均为 RS422 标准接口，不能直接与 RS232 或 RS485 接口标准的设备相连。如果要连接，必须加装标准接口转换电路，一般是各种转换的通信功能扩展板（BD 板）或通信功能适配器（ADP）。

No. 112   三个通信接口标准 RS232、RS422 和 RS485 的主要区别在哪里?

这三个通信接口标准的主要区别在于以下几点:

1) 信号的逻辑电平不同,即信号的高电平电压和低电平电压值不同。

2) 电路结构不同,即单端信号和差分信号不同。

3) 节点数不同,即 1 发 1 收和 1 发多收的不同。

4) 传输距离不同。

上述差别表明了它们之间不同标准不能直接相连接,必须通过标准转换电路把不同接口标准转换成同一接口标准才能连接通信。

No. 113   编程口只能用于编程通信吗? 编程口能不能用于和外部设备 (如变频器) 通信?

对三菱 FX 系列 PLC 来说,编程口能用于编程通信和与触摸屏连接通信,不能用于连接其他外部设备通信。

与外部设备通信只能通过非编程通信口加装通信功能扩展板或适配器进行。

No. 114   老师,有两台变频器,它们品牌不同,能一齐和 PLC 连接进行通信控制吗?

三菱 FX 系列 PLC 和两台不同品牌的变频器通信控制有两种方式可以实现。

1）两台变频器作为 PLC 控制的分站进行实现，这时要求 PLC 和两台变频器的通信格式必须一致，而且两台变频器有不同的站址。

2）两台变频器分别连接在 PLC 的两个通信通道上，这种方式仅 FX3 系列才具有，而且每一个通信通道上都可以连接多台变频器进行通信控制。

*No.*115 我想问一下，是不是 PLC 装了通信功能扩展板，就不能再装适配器？

对 FX 系列 PLC 来说，分三种情况。

1）对 FX1S、FX1N、FX2N 和 FX3S 来说，通信功能扩展板和通信适配器只能安装其中一块。

2）对 FX3U 来说，可以安装一块通信功能扩展板，还可以再加装一块通信适配器。

3）对 FX3G 来说，其 14/24 点的基本单元也是只能安装一块通信功能扩展板或一块通信适配器。而其 40/60 点的基本单元，可以同时安装两块通信功能扩展板，也可以安装一块通信功能扩展板，再加装一块通信适配器。

*No.*116 通信手册上说，FX3U 有两个通信通道，这两个通信通道是不是指编程口和通信口两个通道？

FX3U 的确有两个通道，但不是指编程口和通信口，而是指通信口上可以连接两个通信选件，这两个通信选件在通信控制时，分别定为通道 1 和通道 2。

No.117 是不是 FX3G PLC 有通道 0、通道 1 和通道 2 三个通信通道，可以同时控制三台外部设备？

FX3G 和 FX3U 一样，最多也是两个通道，那为什么会出现通信 0 呢？这是针对 FX3U 的 14 点和 24 点基本单元专门设计的通信通道，定义为通道 0。

No.118 USB-SC09-FX 编程电缆是 PLC 连接笔记本式计算机 USB 口用的，请问，它能不能用于台式计算机的 USB 口？

USB-SC09-FX 编程电缆可以用于台式计算机的 USB 插口，同样，也要安装驱动程序后才能使用。

No.119 我新买了一条 SC-09 编程电缆，可是连接上 PLC 后，却提示通信不能连接，这是怎么回事？是不是 SC-09 是坏的？

SC-09 编程电缆不是即插即用电缆，连接计算机与 PLC 后，还要在计算机上对通信端口进行设置，同时，还要通过编程软件对 PLC 的通信端口进行同名端口设置，最后，进行通信测试，确定无误后，才算通信连接成功。

No.120 输出、输入端的那几个黑点端有什么用？

输出、输入端的那几个黑点端是为了配合 PLC 的整体结构而留下的空端子，内部没有接线，是无用的端子，不用做任何接线。但空端子不能作接线端子使用，如果使用，会对 PLC 产生干扰。

No.121 输入端的 COM 端是不是 PLC 所有输入端口的公共端？

对三菱 FX 系列 PLC 来说，除了 FX3 系列外，其余均为 COM 端结构。COM 端是输入开关信号的公共端。但是从电路结构来看，COM 端连接的是内置24V电源的负端，而输入电路的公共端连接 24V 电源的正端。这种电路结构构成了 PLC 的漏型输入电路。

No.122 PLC 的输入端子有一个 24V 输入端子，这个 24V 输入是干什么用的？

这不是 PLC 的输入端子，这是 PLC 的内置24V直流电源输出端子，也即 PLC 对外提供了一个 24V 直流电源。它的正极是 24V（24V+），负极是 COM 或 0V。

No.123 FX3U PLC 上的 S/S 端是做什么用的？

FX3U PLC 的 S/S 端子是所有输入端口的公共端。根据控制需要，S/S 端和输入回路电源分别连接成源型（电流输入型）或漏型（电流输出型）输入电路。

$\mathcal{N}o.124$ PLC 的输入端有一个接地符号的端子 ($\perp$)，是做什么用的？我看很多设备上这个端子什么也不接，这样做正确吗？

标示为（$\perp$）为 PLC 的接地端，该端子是指与大地直接相连。一般情况下，如果该端子不接地（空置），对 PLC 运行特别是开关量控制系统没有多大影响，所以很多人会不接。但如果发生了很大的干扰，用其他方法无法解决时，可试试将该端子直接接地（接地电阻小于 $4\,\Omega$），可能会抑制和消除干扰。

$\mathcal{N}o.125$ 我有一台 FX1N PLC，在输出端一侧有一个 +24 V。请问这个端子是不是外接电源的正极，那24 V 电源负极接在哪里？

这个端子不是外接电源的端子，它仍然是 PLC 内置电源 24 V 的正端，只不过它置于输出端口一侧而已。内置电源的负端为输入端口一侧的 COM 端。FX1S、FX1N 均为这种标识方式。

$\mathcal{N}o.126$ 老师，为什么输入端编址为 X0 ~ X7、X10 ~ X17，没有 X8 和 X9 呢？

三菱 PLC 的输入继电器和输出继电器都是以八进制进行编址的，所以只能是 X0 ~ X7，而没有 X8 和 X9，X7 后面的地址应该是 X10 ~ X17。

No.127　请说说 FX 系列 PLC 的编址规则。

FX 系列 PLC 的端口编址规则如下：

1）端口编号按照八进制数进行分配，但编号从 X077 直接跳到 X100，中间没有 X080~X087、X090~X097。

2）端口的编号是 PLC 自动分配的，基本单元的编号已在端子排列上标注。如果基本单元连接扩展单元或扩展模块时，通电后，PLC 会自动按连接顺序将输入、输出端口编号分配给扩展单元和扩展模块。其分配原则是：

① 按扩展单元和扩展模块在基本单元左面连接的前后（靠近基本单元的为前）自动进行由小到大的编号分配。

② 输入端口和输出端口的编号是各自独立按顺序分配的。

③ 每一个扩展单元或扩展模块的端口末尾数必须以 0 开始，即以 X30、X40、X50 等开始。这样，可能会在输入、输出编号中产生空号。

No.128　我想在 FX1N-40MR 上加一块扩展模块 FX2N-16EX，扩展模块上地址是从哪里开始呢？X24 还是 X30？

扩展模块后输入、输出端口号应该按顺序编址。但如果有空缺地址，下一个扩展模块末尾数必须从 0 开始。因此，FX2N-16EX 编址应从 X30 开始，而不是从 X24 开始。

No.129　我想在 FX2N-64MR 上加一个扩展模块。请问，模块上的输入端口编址从哪里开始？

模块上的输入端口编址是从 X40 开始。

No.130 我在 FX3U-32MR 上扩展了三块扩展模块，如下图所示。老师，扩展模块上的 I/O 地址是如何分配的?

基本单元 FX3U-32MR/ES	输入扩展模块 FX2N-16EX	输入、输出 扩展模块 FX2N-8ER	输入扩展模块 FX2N-8EX

基本单元 FX3U-32MR/ES 为 32 点的单元。其中，输入 16 个点，地址为 X0~X7、X10~X17; 输出为 16 个点，地址为 Y0~Y7、Y10~Y17。

输入、扩展模块 FX2N-16EX 为 16 个输入点，地址顺序为 X20~X27、X30~X37。

输入、输出扩展模块 FX2N-8ER 为 4 个输入点，4 个输出点。地址分别为 X40~X43、Y40~Y43。

输入扩展模块 FX2N-8EX 为 8 个输入点。地址为 X50~X57，注意不是从 X44 开始。

No.131 老师，FX2N-16EX 扩展模块端子上出现两组同样编号的 X0~X7 标志，请问其编址从哪一组编号开始?

FX2N-16EX 的编号分为上下两组，其中上组编号为低址部分，下组编号为高址部分。例如，如果编址从 X40 开始，则上组 X0~X7 对应于 X40~X47，而下组 X0~X7 对应于 X50~X57。

No.132 三菱 FX PLC 的输出端口标识有什么规律?

三菱 FX PLC 的输出端口不像输入端口那样（所有输入端有同

一个公共端），而是分组输出的，有多个公共端。其分组方式有：一个输出端有一个公共端（一点一端）；4 个输出端共一个公共端（4 点共端）；8 个输出端共一个公共端（8 点共端）。同一个基本单元上，存在 1~2 种分组方式。

至于哪几个输出端口共哪一个公共端，在标识上是用粗黑线将它们分开的，如下图所示。图中，COM1 ~ COM4 是 4 点共端，COM5 是 8 点共端。粗黑线之间表示了共组的输出端口。

No.133 为什么输出端要分组输出？这样分配有什么优点？

因为输出负载包括接触器线圈、继电器线圈、电磁阀线圈、指示灯、喇叭等，各种负载的电源性质可能不相同。为了适应不同的负载电源，所以 PLC 把输出端分成几组，同一组端口的负载电源是相同的，不同组的端口可以接不同的电源。

No.134 三菱 FX1S-20MR 输出 COM、COM0、COM1、COM2、COM3、COM4 是怎么分配接 Y 输出的？

输出分配如下图所示，其中，24+和 COM 是内置 24V 电源的输出端；Y0、COM0 是一组输出端；同样，Y1 与 COM1，Y2 与 COM2 和 Y3 与 COM3 都是一组单独输出端口；Y4、Y5、Y6、Y7 是 4 点共端（COM4）。

COM	Y0	Y1	Y2	Y3	Y4	Y6	·
24+	COM0	COM1	COM2	COM3	COM4	Y5	Y7

No.135 我手上有台 FX1N-40MR-001 PLC，输出端（Y 侧）有几个 COM 端子：COM1、COM2、COM3、COM4、COM5，怎么用啊？究竟对应 Y 里面哪些 Y 端子啊？

FX1N-40MR 输出为 4 点共端，即每 4 个输出点共一个公共端，称作 4 点共端。其对应关系是 COM1 为 Y0 ~ Y3 的公共端，COM2 为 Y4 ~ Y7 的公共端，以此类推。

No.136 三菱 FX2N PLC 上的 COM 点和 COM1、COM2 点这些有什么不同？

FX2N PLC 上，COM 点是所有输入端口的外接公共端。COM1、COM2 等是输出端口分组输出的公共端。例如，COM1 是 Y0 ~ Y3 4 个输出端口的公共端。输出端口的分组情况在基本单元上用粗黑线加以区分，有 4 点共端和 8 点共端两种情况。

No.137 最近买了一台 FX3U-16MR PLC，发现输出端口有 Y0、Y1……Y7，这是怎么回事？

FX3U-16MR 是一款比较特殊的型号，一是点数最少，仅 8 个输入点，8 个输出点；二是它的输出点不是 4 点共端，而是每个输出点都是单独一组输出，所以有 8 个输出组。每两个符号相同的为一组输出，也即 Y0、Y0 是一组输出端，其余类推，如下图所示。

•	Y0	Y1	Y2	Y3	Y4	Y5	Y6	Y7	•
•	Y0	Y1	Y2	Y3	Y4	Y5	Y6	Y7	•

No.138 PLC 的 I/O 点数能无限扩展吗？资料上 PLC 的最大 I/O 点数是指输入和输出点数的总和吗？

PLC 的 I/O 点数不能无限扩展，不同系列的 PLC 其 I/O 点数都受到一定的限制。三菱 FX 系列 PLC I/O 点数限制如下表所示。

系列	FX1S	FX1N	FX2N	FX3S	FX3G	FX3U
I/O 点数	30	128	256	30	256 (128)	384 (256)

说明：FX3G 和 FX3U 的 I/O 点数均包括 CC-Link 的远程 I/O 点数，括号内为 PLC 直接占用的 I/O 点数。

资料上的最大 I/O 点数不是指 I 和 O 的点数总和，它包括实际占用 I/O 点数、自动分配时空置点数和特殊功能模块占用点数。而实际占用点数包括基本单元、扩展单元和扩展模块所占用的点数。

No.139 当使用 FX 系列 PLC 组成一个控制系统时，I/O 点数的分配受到哪些限制？

在设计 PLC 控制系统时，I/O 点数的分配受到以下几个因素的限制：

1）I/O 总的点数限制。

2）输入和输出各自点数的限制。

3）特殊功能模块占用点数的限制。

*No.*140 FX2N 的 I/O 点数最多可以扩展到 256 点，这 256 点可以分配给输入 250 点、输出 6 点吗？

不可以，因为 FX2N PLC 除了对 I/O 总点数有限制（≤256）外，同时，还对输入和输出点数进行了限制，即输入和输出的各自占用点数不能超过 184 点。

同样，对 FX3U 来说，其总 I/O 点数不能超过 256 点，且输入和输出点数各自不准超过 248 点。

*No.*141 FX1N-40MR PLC 最多可加几个扩展模块？

每一种 PLC 所能扩展的 I/O 点数是根据系统的组成来进行核算的。一般计算方法是：PLC 最大 I/O 点数减去基本单元的点数，再减去功能模块所占用的点数后为所能扩展的 I/O 点数。

FX1N 最大 I/O 点数为 128 点，如果没有连接功能模块，则 FX1N-40MR 最多只能扩展 88 点；如果连接有功能模块，还需要再减去功能模块所占用的点数，才是 FX1N-40MR 能扩展的点数。

*No.*142 FX2N 最多可以扩展 256 点，请问这 256 点有没有包括基本单元的点数？

包括基本单元的点数，还包括特殊功能模块所占用的 I/O 点数。其余的为通过扩展模块和扩展单元所扩展的 I/O 点数。

*No.*143 FX3U 最多扩展到 256 点，请问我需要扩展到 365 点怎么办呢？需要加什么扩展模块？

FX3U 的基本单元、扩展单元、扩展模块和特殊功能模块占用的合计 I/O 点数不能超过 256 点。但是计算上 CC-Link 主站的远程 I/O 点数可以扩展到 384 点。

因此，你想扩展到 365 点，必须加接 CC-Link 主站模块 FX2N-16CCL-M 及其远程 I/O 站。

*No.*144 FX1S-20M 可以加扩展模块吗？

FX1S 是整体式的 PLC，它不能通过扩展模块来扩展 I/O 点。但它可以通过加装功能扩展板来扩展输入 4 点或输出 2 点。

*No.*145 特殊功能模块占用 8 点 I/O 点，请问，这 8 点是计入输入点还是输出点？

特殊功能模块占用的点数是总的占用点数，既不计入输入占用，也不计入输出占用。例如，FX1N 总点数为 128 点，扩展了两个特殊功能模块占用 I/O 16 点，那么，分配给 PLC 的 I/O 点数为 112 点。也就是说，你实际使用的 I/O 点数不能超过 112 点，至于输入多少点、输出多少点。则由实际控制要求所决定。

No.146 特殊功能模块扩展有限制吗？它最多占用多少 I/O 点？

　　FX 系列 PLC 的规定是：特殊功能模块最多可以扩展 8 块，因此，它最多占用 64 个 I/O 点。但要注意，并不是 FX 系列的 PLC 都可以扩展 8 块功能模块。

No.147 我在 FX3U-32MR 上加了一块 FX2N-8EX-ES，请问老师，扩展模块应如何和基本单元接线？

　　当基本单元连接扩展模块后，假定内置 DC24V 电源有多余电流的话，可以供扩展模块输入回路用。这时，接线分源型和漏型两种接法，如下图所示。

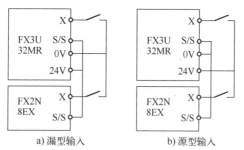

a) 漏型输入　　　　　　b) 源型输入

No.148 都是扩展 8 个输入点的扩展模块 FX2N-8EX 和 FX2N-8EX-ES 有何区别？

　　它们仅在输入点的接入方式上有区别。FX2N-8EX 为漏型输入方式，只能按漏型方式接入开关。而 FX2N-8EX-ES 为 S/S 型输入方式，可以按漏型接入开关，也可按源型接入开关。在标识上，FX2N-8EX 的公共端标识为 24V+，而 FX2N-8EX-ES 的公共端标识为 S/S。

No.149 我想问一下什么是源型 PLC，什么是漏型 PLC，它们有什么区别，尤其是在接光电开关的时候？

对三菱 PLC 来说，源型和漏型 PLC 是指输入端口的电流流向而言的。如果开关闭合后，电流流入输入端口为源型 PLC，电流流出输入端口的则称作漏型 PLC。

外接光电开关时，源型 PLC 必须和 PNP 型光电开关相连接，而漏型 PLC 和 NPN 型光电开关相连接。

No.150 一个 NPN 型的接近开关，如何与 FX2N PLC 的输入端口相连？

对于 FX2N PLC 输入电路，如果利用内置电源，本身已接成漏型电路，可以与 NPN 型接近开关直接相连，连接电路如下图所示。

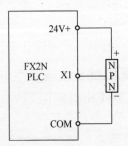

No.151 一个 PNP 型三线制接近开关，应如何接入 FX2N PLC 的输入端口？

PNP 为电流输出型电路光电开关，FX2N 为电流输出型输入电路，因此，不能利用 FX2N 的内置电源作为输入回路电源。可以利用外置电源将 PNP 型接近开关接入 FX2N PLC，其连接方式如下图所示。

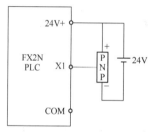

No.152 我买了一个 NPN 型三线制光电开关，如何与 FX3U PLC 输入端口连接？

NPN 为电流输入型电路光电开关，必须和 PLC 电流输出型电路相连接，其连接方式如下图所示。

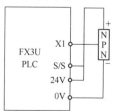

*No.*153 一个 PNP 型三线制接近开关, 应如何接入 FX3U PLC 的输入端口?

PNP 为电流输出型电路光电开关, 必须和 PLC 电流输入型电路相连接, 其连接方式如下图所示。

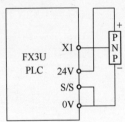

*No.*154 老师, 我想在 FX2N PLC 的输入端口接入无源开关, X0~X2 使用内置 24V 电源, 而在 X10~X12 使用外置电源, 应如何接线?

接线如下图所示。

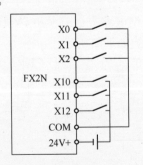

*No.*155 能不能在 FX3U PLC 输入端口，利用内置电源 X0~X3 接 NPN 型光电开关，X4~X7 接 PNP 型光电开关？

不能，因为所有输入点共一个公共端，不可能同时接成源型和漏型输入，只能接成源型输入（PNP 型光电开关）或漏型输入（NPN 型光电开关）。

*No.*156 能不能在 FX3U PLC 输入端口，X0 接 PNP 型光电开关，X10 接 NPN 型光电开关？

可以，这时 NPN 型开关利用内置电源而 PNP 型开关利用外置电源，接线如下图所示。

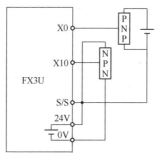

*No.*157 当内置 DC24V 电源没有多余电流供给输入端口无源开关回路时，利用外置电源如何将无源开关接入 PLC 的输入端口？

利用外置电源将无源开关接入 PLC 输入端，根据 PLC 的不同输入方式接法也不同。

1) 漏型输入型（FX1S/FX1N/FX2N），如下图 a 所示。

2) S/S 输入型（FX3 系列）如下图 b 所示。

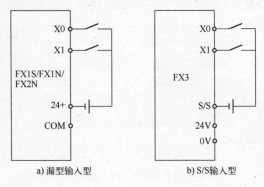

a) 漏型输入型   b) S/S输入型

No.158　三菱 FX2N-64MR 型 PLC，输入采用电感式十多条接近开关（三条线，NPN 型），如果加外部直流 24V 的电源，怎么接线？

接线如下图所示。

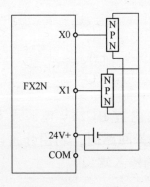

No.159 我在输入端接了一个带发光二极管的气缸磁控开关，可是当气缸到位时，二极管并不亮，而且，PLC 的输入端口 LED 指示灯也不亮，这是为什么？

某些无源开关信号会自身串联或并联发光二极管，用来显示其信号的通断。这种带发光二极管的无源开关接入到 PLC 的输入端口时，增加了输入端信号通断的复杂性。分析如下：

1) 带串联发光二极管的无源开关，如下图 a 所示。这时，要求接入 X 端门时，电源的极性必须接正确。如果接错了，二极管反向阻断，即使开关闭合，X 端仍然没有信号输入。同时，由于发光二极管导通时会产生压降，为避免开关导通时端口的电流小于其 ON 时输入感应电流（4.5 mA 以上）而产生误动作，因此，建议使用带串联发光二极管的舌簧开关。二极管压降在 4 V 以下，实际使用时，可串入电流表进行测试。

2) 带并联发光二极管的开关，如下图 b 所示。这时，除仍然要注意二极管接入的极性外，当开关断开时，如果流过发光二极管的电流过大，则会引起开关 OFF 时的误动作。为保证电流小于 OFF 时输入灵敏度电流（1.5 mA 以下）与二极管串联电阻要大于 15 kΩ，实际使用时，可串入电流表进行测试。

你所说的情况，应属于二极管电源的极性接错了。

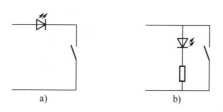

a)   b)

*No.*160 带发光二极管的磁控开关应该如何接入 FX 系列 PLC 的输入端口？

带发光二极管的无源开关有两种，串联发光二极管和并联发光二极管。FX 系列 PLC 有两种输入方式，漏型输入和 S/S 型输入。这样就形成了 4 种连接电路，接线图如下图所示。

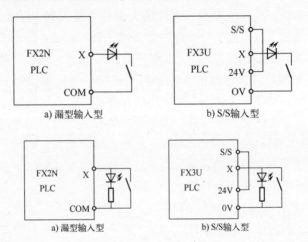

*No.*161 老师，二线制电子开关与三线制电子开关有什么不同？二线制电子开关接入 X 端口应注意什么？

相比三线制 NPN 和 PNP 有源电子开关来说，二线制直流电子开关接入比较方便，它只有两根线，表示接电源正、负极，和普通无源开关接入一样。但必须注意极性，其正极 L+接到回路电源的正，其负极 L-接到回路电源的负。

二线制开关接入漏型电路和 S/S 型电路接线如下图所示。

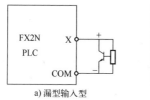

a) 漏型输入型

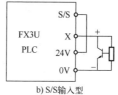

b) S/S输入型

*No.*162 编码器可以直接接入 PLC 的输入端口吗？如果可以，应如何连接？

编码器可以接入 PLC 的输入端口，但它只能连接到 PLC 指定的高速脉冲输入端口 X0~X5。

增量式编码器的输出电路常用的有集电极开路输出和差分线性输出两种。PLC 只能接收集电极开路输出的脉冲信号。增量式编码器的输出信号有单脉冲输出、A-B 相脉冲输出和差分驱动输出。PLC 只能接收单脉冲输出和 A-B 相脉冲输出信号。

下图为 NPN 型集电极开路输出型的编码器与 FX 系列 PLC 的接线图。

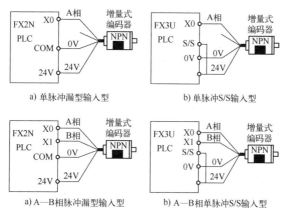

a) 单脉冲漏型输入型

b) 单脉冲S/S输入型

a) A—B相脉冲漏型输入型

b) A—B相单脉冲S/S输入型

No.163 为什么如下图所示的输出端口 Y1 接上继电器线圈后，有输出（指示灯亮），而线圈不动作？

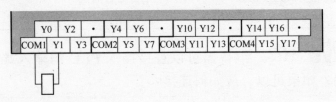

PLC 的输出端口仅仅是一个开关，其本身是不带电源的。必须在输出回路上加接供电电源，负载才会动作。正确接法如下图所示。

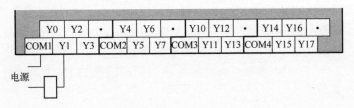

No.164 输出端可不可以一组接交流电源，一组接直流电源？

可以，不同的分组可以按需要接任何性质电源。但必须注意两点：

1）仅继电器输出型才能一组接交流，一组接直流。如果是晶体管输出型只能接直流电源。

2）同一组电源电压必须相同。

*No.*165 如果 PLC 上的所有输出端的负载均为交流 220 V 电源，应如何接线？

这时，需把各分组的 COM 端连接在一起，作为 AC220V 电源的一端（一般为零线），而把所有负载的公共端连接在一起，接到电源的另一端（相线），如下图所示。

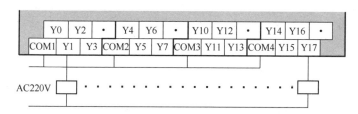

*No.*166 PLC 的输出是不带电源的吗？比如说我要控制一个 110 V 继电器，是不是要加个电源？怎么接线？

PLC 的输出端口仅仅是一个驱动负载的开关，本身是不带电源的，如果要控制一个 110 V 继电器，要加个电源。PLC 的输出端接到继电器的线圈，继电器线圈另一端接到 110 V 交流电源，PLC 的 COM 端也接到 110 V 交流电源。

*No.*167 输入和输出接反了 PLC 会烧吗？

PLC 输入端如果当成了输出端去连接负载和电源，那只要接上交流 220 V 电源，马上烧坏。

No.168 三菱 FX 系列 PLC 的基本单元中有几种内置电源？它们是向谁提供电流的？

FX 系列 PLC 的基本单元的内置电源有两种：DC24V 和 DC5V。

DC24V 电源主要是向 I/O 功能扩展板、扩展模块和特殊适配器提供电源。如果有余量的话，还可以通过其输出端口向外电路提供电流，例如输入端口开关回路、输入有源传感器等。

DC5V 电源主要是向功能扩展板、扩展模块、特殊功能模块和特殊适配器供电。DC5V 电源不对外电路提供电流。

No.169 FX 系列 PLC 内置 24V 电源容量是多少？

FX 系列 PLC 内置 24V 电源的容量随其系列和型号的不同而稍有差别，具体如下表所示。

FX1S	FX1N	FX2N	FX3S	FX3G	FX3U
400	400	250/460	400	400	400/600

No.170 昨天，我公司来了设备厂的工程师，他说，三菱内置 24V 电源不能随便供输入电路用，要经过电源核算后才能用，是这样的吗？

是的，他说的没错。DC24V 电源是有电流容量限制的，使用时，不能超过其额定容量。DC24V 主要是给 I/O 功能扩展板和扩展模块供电，在核算除去 I/O 功能扩展板和功能扩展模块的需要电流后，剩余的电流容量才能给输入回路供电。

No.171 我需要核算 FX3U-4DA-ADP 所消耗的 DC24V 电源电流，请问在哪里可以查到？

1) 在 FX3U-4DA-ADP 的说明书上可以找到。

2) 在 FX3U PLC 的硬件手册上可以查到。

3) 在李金城老师编著的《三菱 FX3U PLC 应用基础与编程入门》一书中，通过表 2.3-6 ～ 表 2.3-8，可以查到所有 FX 系列 PLC 的扩展选件所消耗的 DC24V 和 DC5V 电流。

FX37-4DA-ADP 消耗电流为 DC24V：150 mA；DC5 V：15 mA。

No.172 请问老师，输入电路回路消耗的电流是多少？无源开关和有源开关一样吗？

一个输入点的输入回路消耗电流一般按 7 mA 计算，实际消耗电流会有稍许出入。无源开关和有源开关都一样。

No.173 输入多少点才要外置电源？

输入多少点需要外置电源，这要经过电流核算，一般一个点按 7 mA 计算，当 7 mA×点数电流超过内置电源多余容量时，就需要外置电源。

No.174 输入端口接入一个按钮，其接线的距离最长是几米？

不论内置电源还是外置电源都是直流电源。距离一长，电压损失大，会影响信号的动作。具体多长距离会影响信号的动作，应在实践中确定。一般应保持输入电流在 5 mA 以上，不会产生误动作。

No.175 FX2N PLC 的 X0 端口所接的按钮闭合了，但 X0 的 LED 指示灯不亮是怎么回事？

1）先检查接通电源没有，再检查接线是否正常，是否有断线。

2）用一条导电线，一端碰触 X0，另一端碰触公共端 COM。看指示灯是否亮，如亮，则说明外电路有问题；如不亮，继续步骤 3）。

3）将 PLC 连接计算机，通过编程软件观察程序中 X0 常开触点是否闭合。如闭合，则说明输入电路正常，LED 指示灯有问题；如显示不闭合，则输入电路有问题。

No.176 请问如何替换三菱 FX2N PLC 中已损坏的 X、Y 点？

仅当 PLC 有多条正常的 X、Y 点时，才可以用多余的 X、Y 点替换已损坏的 X、Y 点。替换时，首先把外部设备的接线作相应更改。其次，利用编程软件的查找替换功能，把已损坏的 X、Y 点查找替换成其他未使用过的正常的 X、Y 点，保证程序正常运行。

No.177 请问 PLC 继电器输出在什么情况下要用外部继电器转接控制电气设备？什么情况下又不用呢？

一般按照两种情况来考虑是否要加接转换继电器。一种是当负载的电流容量超过 PLC 输出端子的最大容许电流量时，需要加接转换继电器；另一种是当负载频繁动作时，需要加接转换继电器，加接中间转换继电器的目的是保护 PLC 的输出端子。

No.178　PLC 输出回路中需要加入熔丝吗?

PLC 输出回路中需要加入熔丝, 因为当负载一旦发生短路或故障时, 容易烧坏触点或晶体管, 还会烧坏输出电路所在的印制电路板, 因此, 需要在负载回路上加入起短路保护作用的熔丝。

No.179　如果 PLC 直接接电磁阀, 电磁阀短路的话, PLC 的输出点会坏吗?

如果 PLC 直接接电磁阀, 电磁阀线圈短路会产生很大短路电流, 从而烧坏 PLC 的输出端口。

No.180　什么是浪涌电压? 它有什么危害?

在接通、断开电感负载时常常会产生很高的瞬时过电压, 这种瞬时过电压称为浪涌电压, 是一种瞬变干扰。浪涌电压会引起电感负载回路上的各种触点、元器件及设备的损坏, 对于浪涌电压, 必须在电路中采取保护措施。

No.181　在晶体管输出中, 如果外接了一个电磁阀线圈, 为什么要在线圈两端加接二极管?

晶体管输出为直流电源负载, 而电磁阀线圈为电感性负载, 当负载电路进行通、断操作时, 会在电感性负载两端产生很高的自感电压, 这个高电压会烧坏作为开关的输出晶体管。因此必须在线圈两端加一个二极管，形成一个回路，使自感电压衰减为 0，从而保护了输出晶体管。这个二极管又称作续流二极管。

No. 182 老师，电感性负载要加接续流二极管，其在电路中是如何连接的？

在直流电路中，电感性负载需要加续流二极管进行浪涌电压保护，其在电路中的接法如下图所示。注意，二极管极性不能接反，其正极一定要与电源负极相连。如果接反了，会产生短路电流，烧坏晶体管或二极管。

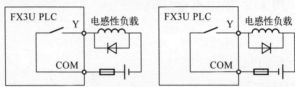

No. 183 在交流电路中，电感性负载会产生浪涌电压吗？相应的保护电路是什么形式的？

在交流电路中，电感性负载同样会产生浪涌电压。这时，应在负载两端并联 RC 浪涌吸收电路用于抑制浪涌电压，保护触点和元器件，其接线如下图所示。

RC 电路的元件，一般电容选择 0.1 μF 的聚丙烯无极性电容，电阻为 100~120 Ω。电源电压应在 AC240 V 以下。

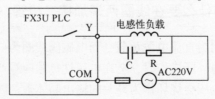

No.184 三菱 PLC 晶体管输出能驱动多大的负载? 能直接驱动继电器吗? 用不用加保护装置? 可以直接驱动固态继电器吗?

晶体管输出的 PLC 最大带载能力为 0.5 A 左右,是可以驱动固态继电器的。具体要看是什么继电器,如果是 24 V 中间继电器则是可以驱动的。

No.185 为什么继电器输出型 PLC 不能发高速脉冲? 为什么晶体管输出型又可以呢?

高速脉冲的通断时间非常短,例如,频率为 20 kHz 的脉冲,1 s 钟要通断变化 20000 次,这对于响应时间为 10 ms 的继电器触点来说是不可能的。而输出为晶体管型的是晶体管电子开关,其响应时间是以 μs 计,例如 FX3U PLC 的输出端口 Y0、Y1 的响应时间为 5 μs 以下。1 s 钟里至少可以有200000 次通断,即输出脉冲频率为 20 kHz。这就是晶体管输出型可以有高速脉冲输出的原因。

No.186 老师,我想做定位控制,应买哪种型号的 PLC?

PLC 的定位控制信号是高速脉冲输出,因此,必须买能够发出高速脉冲信号的晶体管输出型的基本单元。满足这个要求的三菱FX 系列 PLC 的型号是后缀为 MT 的。

*No.*187 我看到资料上讲：如果用 PLC 控制电动机的正反转，必须在软件和硬件上都进行互锁设置，这句话应如果理解？

对某些负载，例如控制电动机正反转的接触器，其同时接通会引起短路危险。除了在程序中对它进行互锁外，同时，还要在外部输出电路上采取互锁措施，如下图所示。程序中互锁称为软件互锁，而在实际电路中用触点进行互锁叫作硬件互锁。

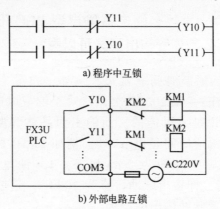

a) 程序中互锁

b) 外部电路互锁

*No.*188 请李老师讲一下 PLC 输入端所能够接入的产生开关量信号的元器件类型。

输入端口连接元器件按输入开关量信号的类别来分，有以下几种：

1. 开关量元器件

开关量元器件又分为无源和有源两大类。

无源开关信号指有触点的接触型开关信号，通过外力使触点动作而产生开关信号。常用的有按钮、旋钮、限位开关、各种组合开关、继电器（接触器）和各种物理量控制继电器等。它们的共同特点是：开关的接通和断开均是在外力作用下进行的，开关本身不需要电源。

有源开关又叫无触点开关，是一个由电子器件组成的电子开关，利用电子器件的导通和截止特性完成开关的功能。无触点开关本身是需要电源的，所以一般称为有源开关。常用的有接近开关、光电开关、红外开关等。

2. 数据量元器件

数据量指从输入端口输入一组二进制开关量整体。也就是说，从输入端口输入的是一个 N 位二进制数。常用的数据量输入元器件有拨码开关、数字开关。

3. 脉冲信号元器件

脉冲信号元器件是指把高速脉冲串或一组高速脉冲串通过输入端口送入 PLC 的元器件。常用的有编码器、光栅等。

*No.*189　什么是开关的抖动？它对 PLC 的输入会产生什么影响？

开关抖动是指一机械开关由于机械结构、触点面积变化、老化等原因而产生的一种在断开或闭合的过程中出现多个毫秒级的状态改变现象。这种抖动的现象没有规律性。

开关抖动主要会对 PLC 计数信号产生影响。它会把一次计数输入变成多次计数输入送到 PLC 中去，从而产生错误的计数，错误的计数又会导致控制系统的错误控制。

*No.*190　我在生产线的另一端安装了一个按钮，距离配电柜约 **50 m**，接入 **PLC** 的信号总是不正常，时通时断，应如何解决？

可能是因线路太长、电压衰减大的原因，到 PLC 的输入电流低于其 ON 电流。可加装一个交流中间继电器解决，用按钮控制交流中间继电器，继电器常开触点接入到 PLC 的输入端口。

*No.*191　老师，接近开关是传感器吗？我厂里工程师说，它是电子开关，不是传感器。

目前，技术资料里对传感器定义有广义和狭义两种。按照广义说法，凡对物理量变化有反应的都叫传感器。这样接近开关是传感器。

但如果按照狭义传感器的定义，则把由物理量变化而引起有触点开关动作的叫物理量继电器，而把物理量变化转换成电量变化的叫传感器。这样接近开关是物理量继电器，不是传感器。

在实际学习中，我们主要掌握物理量变化与输出的关系，是开关动作输出，还是电压、电流变化输出。至于叫什么，这并不重要。

*No.*192　什么是物理量控制继电器？

在工业控制中，物理量控制继电器是指利用物质的各种物理、化学特性控制触点产生动作的特殊的元器件，例如电压继电器、电流继电器、热继电器、时间继电器、压力继电器、温度继电器、速度继电器、液位继电器等。物理量控制继电器常用来作为控制系统的安全、保护、报警和指令信号。

No.193 我想用 PLC 控制炉温，买回来一条热电偶，应如何接入 PLC 输入端口？

热电偶是温度传感器，它是把温度的变化转换成电压的变化。它不能直接接入 PLC 的端口，必须通过模拟量－数字量转换模块才能把温度的变化转换成 PLC 所能接收的数字量变化。因此，热电偶必须先接入到模－数转换模块的输入端，通过模块与 PLC 相连把数字量送入到 PLC。

No.194 什么是 NPN 型电子开关？什么是 PNP 型电子开关？它们之间的区别在哪里？

电子开关的输出电路如果是用 NPN 型晶体管构成，叫作 NPN 型电子开关，用 PNP 型晶体管构成叫作 PNP 型电子开关。

它们的区别在于：NPN 型电子开关是电流输入型，和外电路连接时，为高电平导通，开关两端为输出端和 OV 端。PNP 型电子开关为电流输出型，和外电路连接时，为低电平导通，开关两端为输出端和+24 V 端。

No.195 接近开关有哪两种类型？能够检测哪些物体？

接近开关按检测原理不同分为电感型和电容型两大类。

电感式接近开关多数用来检测金属材料物体，特别是对铁镍型材质最灵敏，检测距离也较长。而对铝、黄铜和不锈钢之类材质其检测灵敏度就较低。它不能检测非金属物体。

电容式接近开关能检测金属物体，也能检测非金属物体，对金属物体可以获得最大的动作距离，通常用来检测非金属材料和检测各种导电或不导电的液体或固体，如木材、纸张、塑料、油、玻璃和水等。对非金属物体，动作距离决定于材料的介电常数，材料的介电常数越大，可获得的动作距离越大。

No.196 什么是接近开关的设定距离、检测距离和差动距离？

接近开关的检测距离是指开关动作时，物体到检测面的最远距离。

设定距离是指在检测距离内，可稳定使开关动作的距离。一般为检测距离的 70%~80%。

差动距离是接近开关由动作变为复位时之间的距离差。

上面三种距离如下图所示。

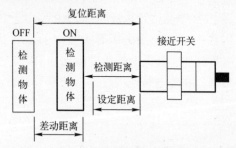

No.197 什么是接近开关的响应时间和响应频率？

响应时间是指检测物体从处于动作状态区到输出开关状态改变

的时间。它由两部分组成：一是当检测物体进入处于动作范围到输出正式有动作的时间；二是当检测物体离开其动作范围到输出有动作的时间，如下图所示。

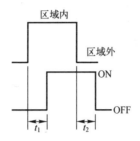

No.198 什么是接近开关的输出形态?

接近开关的输出形态是指其触点是常开输出还是常闭输出。

No.199 什么是接近开关的屏蔽功能和非屏蔽功能?

电感式接近开关有屏蔽式和非屏蔽式之分，屏蔽式其磁通集中在接近开关的前部，检测线圈侧面用金属覆盖，安装时全部埋入金属中。而非屏蔽式其磁通广泛发生在接近开关的前部，易受周围金属的影响，选择安装场所要多加注意。

No.200 什么是二线制接近开关? 它和三线制有哪些不同?

二线制接近开关其引线有两根线，这两根线既是电源线也是信号线。和三线制相比,少了一根线,而且接入也非常方便。这两根线是有极性的,只要其正极接内置电源的正,负极接内置电源的负即可。但二线制开关输出有漏电流,即当开关断开时仍存在电流(这个电流是由接近开关控制电路而产生的)。如果漏电流过大,则会产生误动作。因此,建议用户除必须使用二线制接近开关的情况外,尽量选用三线制接近开关。

*No.*201　老师,我想买一个合适的接近开关,应如何选择?

接近开关选型应从下面几个方面考虑:

1)检测物体类型:金属、非金属等选择是用电感型还是电容型接近开关。

2)检测距离:以 mm 为单位。

3)工作环境:根据实际工作的环境选择。①外形:圆形、方形;②屏蔽、非屏蔽;③安装方式:是否方便调换、是否方便调节。

4)输出形态:输出常开、常闭。

5)输出方式:二线制、三线制。

6)工作电源:直流、交流。

7)响应频率:每秒钟通断次数。

*No.*202　如果买来的接近开关引出线不够长,可以加接延长吗?最多能延长多少米?

一般引出线的长度有 1 m、2 m 等。实际使用导线长度不够时,可以延长至 100 ~ 200 m。

No.203　接近开关可以串联使用吗?

接近开关可以串联使用，接线如下图所示，为保证信号传递正确，串联的个数应根据实际情况由试验确定，一般不要超过三个。

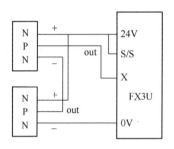

No.204　接近开关可以并联使用吗?

接近开关可以并联使用，接线如下图所示，为保证信号传递正确，并联的个数应根据实际情况由试验确定，一般不要超过两个。

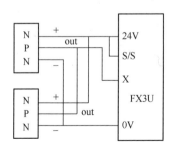

*No.*205　接近开关发生误动作，应如何解决？

当传感器发生了误动作以后，可按照以下步骤进行故障排查。

1）拆下接近开关，单独供电，检查接近开关本身是否有故障。

2）检查响应频率是否在额定范围内。

3）检查物体在检测过程中是否存在抖动。

4）检查传感器检测范围里是否有其他被检测物体干扰。

5）多个接近开关紧密安装会互相干扰，检查是否有这个情况。

6）如果接近开关附近有大功率设备，会产生电子干扰，检查是否有这个情况。

*No.*206　老师，你能介绍一下光电开关的类型及其使用范围吗？

常用的光电开关有以下四种类型。

1. 对射式

对射式光电开关由发射器和接收器组成，结构上是两者相互分离的，在光束被中断的情况下会产生一个开关信号变化，如下图所示。

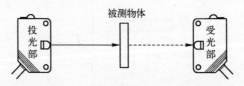

特点：可辨别不透明的反光物体；有效距离大，因为光束跨越感应距离的时间仅一次；不易受干扰，被测物体的光泽、颜色、倾斜度等对其影响很小。

对射式光电开关可以可靠地使用在野外或者有灰尘的环境中；

装置的消耗高，两个单元都必须敷设电缆；光轴对合比较费力。

2. 镜面反射式

镜面反射式光电开关是把发射器和接收器做为一体的光电开关。其受光物体是一块多棱反射镜，当被测物体在光电发射器与反射镜之间通过时，光路被遮断，使开关状态发生变化，如下图所示。

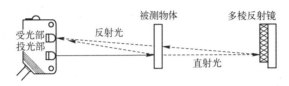

特点：这种检测形式作用距离为几百毫米到几米，只需要配单线即可，其调整也比对射式方便。它的缺点是如果被测物体表面平整且有光泽，则容易产生误动作。

3. 扩散反射式

扩散反射式光电开关也是把发射器和接收器做为一体，发射器发射的光直接照射到被测物体上，被测物体产生漫发射，接收器根据反射的情况使开关状态发生变化，如下图所示。这是类似于人眼的一种检测器。

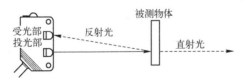

特点：有效作用距离由目标的反射能力、表面性质和颜色决定；检测距离为几毫米到几米。安装方式最为简单，无需反射板。

4. 限定反射式

限定反射式光电开关是在扩散反射式光电开关的基础上开发的产品，其原理和扩散反射式相同，通过接收从被测物体发出的反射光进行检测。在投光部和受光部上仅入射正反射光，而且只能对离开传感器一定距离的投光光束和受光区域相重叠的范围内的被测物体进行检测，对在投光轴和受光轴交叉距离以外的物体无法进行检测，如下图所示。

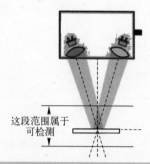

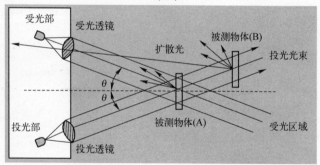

特点：对距离及位置有一定限制，不易受被测物体颜色的影响，可检测较小的距离差。

No.207　光电传感器输出信号不稳定的原因有哪些？

以下情况可能选成光电传感器检测物体时输出信号不稳定：

①供电不稳定；②检测速率太快；③被测物体尺寸不符合要求；④被测物体不在检测范围内；⑤电气干扰。

No.208 什么是编码器的分辨率？

分辨率又叫线数、位数等，对增量式编码器来说，就是每圈输出的脉冲个数。对绝对值编码器来说，是指其输出一组脉冲的位数，如输出的一组是 8 位二进制脉冲，相当于把一圈分成 256 等分。每旋转 1.4°，输出一个 8 位二进制码值，显然，增量式编码器每圈脉冲数越多，分辨率越高。绝对值编码器型的位数越高，分辨率越高。

No.209 编码器输出脉冲信号有哪些类型？

编码器输出信号有单相、双相及三相输出三种类型，

1）单相输出：A 相仅输出一个脉冲。

2）双相输出：A、B 相输出两个相位差 90°的两个脉冲。

3）三相输出：A、B、Z 相三个脉冲输出，在 A、B 相的基础上增加了一个 Z 相，Z 相每圈仅输出一个脉冲。

No.210 编码器的输出电路有哪几种形式？

编码器的输出电路有下面几种形式：

1. 集电极开路型

这是把集电极悬空不接的输出电路形式，又分为 NPN 型和 PNP 型两种，编码器大多采用这种形式，连接时要注意与接收电路的匹配。

2. 电压输出型

这是在集电极开路型电路上加集电极电阻（又称上拉电阻）构成的电路，使得集电极和电源间有一个稳定的输出。

3. 互补输出型

这种电路是把 NPN 型和 PNP 型两种输出电路结合在一起的电路，根据两个晶体管交互进行 ON/OFF 动作产生脉冲信号。其优点是既可以与 NPN 型集电极开路的接收电路相连接，也可以与 PNP 型集电极开路的接收电路相连接。

4. 线性驱动输出型

这种电路信号以差分形式输出，即同时输出一对幅值相同、相位相反的脉冲信号，其特点是抗干扰能力强、传输距离远。但信号必须要专门的差分电路接收设备才能接收。

No.211　什么是编码器的最高响应频率和允许最高转速?

编码器的最高响应频率指编码器在电气上最大能响应的频率数，如果高于这个数的情况下使用（传动轴转速太高），则编码器内部电路会无法响应而发生脉冲计数误差。

允许最高转速是指编码器在转动时所能承受的最高转速，当传动轴的转速高于这个转速时，编码器会发生机械损坏。

No.212　具有 A、B 相的编码器，可以只利用其 A 相做脉冲输入吗?

可以，A 相和 B 相均可以作为编码器的单相脉冲输出。

No.213　编码器信号输出最远距离是多少?

编码器信号输出距离与其输出电路结构有关:

1)　NPN 与 PNP 型输出 10 m。

2)　电压型输出 2 m。

3)　互补型输出 30 m。

4)　线性驱动型输出 100 m。

No.214　增量式编码器和绝对值编码器有什么区别?

两者最主要的区别是向外传递的信号含义不一样,增量式编码器向外发出的是一个连续的脉冲信号,接收设备可以对这个脉冲信号进行计数处理,通过处理可以确定其旋转角度即位置值。绝对值编码器向外发出的是一组脉冲,这一组脉冲为一个编码值,这个编码值表示在一圈中的位置值。

No.215　如何选择增量式编码器?

增量式编码器的选择必须根据实际工作状态进行,可参考下面几点。

1)　分辨率:每圈脉冲数,

2)　工作电压:DC5～24 V 之间。

3)　输出脉冲方式:A 相,A、B 相和 A、B、Z 相。

4)　输出电路形式:NPN、PNP 或线性驱动。

5)　最高响应频率:大于设备动作频率(Hz)。

6) 最大允许旋转数：转/分。

7) 轴形：实轴型、中空轴型。

8) 安装方式：外观大小、轴径。

9) 环境要求：防水、防油、防尘等。

No.216 FX PLC 能输入哪些编码器的脉冲输入信号？

三菱 FX PLC 可以接收单相脉冲信号的输入、A-B 相单相双计数信号的输入和 A-B 相双输入脉冲信号的输入。不接收线性驱动信号的输入。

No.217 如何判断编码器的好坏？

增量式编码器的好坏可用下面方法简单判别，当然最终还是要上机测试为准。

1) 用万用表电压档检查，手动旋转时看表头是否摆动。

2) 用示波器观察是不是有输出波形。

3) 连接 PLC，利用计数器看是否有脉冲输入。

No.218 编码器出现计数误差是什么原因？

下面情况可能造成计数误差：

1) 现场环境有干扰，包括机械抖动和电气信号干扰。

2) 编码器和轴之间有松动，出现间隙。

3) 旋转速度过快，超出编码器最高响应频率。

4) 编码器的频率大于接收设备的频率。

5）距离过大，电压下降，引起电路接收故障。

No.219　PLC 为什么读不到编码器的数值？

PLC 读不到增量式编码器的脉冲数值可能由以下原因引起：

1）编码器的输出信号和 PLC 的输入信号不匹配。

2）编码器和 PLC 之间的信号接线不正确。

3）编码器不能正常工作。

4）PLC 的输入电路不正常。

5）PLC 的编程不正确。

No.220　编码器是怎么和电动机轴连接的？

编码器是一个精密仪器，它不能直接和电动机轴连接，应设计机构使电动机轴转速通过传动方式与编码器相连接，根据编码器的轴的形态不同，连接方式也不同。

1）实轴型用弹性联轴器（又叫轴耦合器）与传动轴进行软性连接，安装时需要注意允许的轴负载（见产品参数），并保证编码器轴和传动轴的不同轴度。

2）中空轴型应采用弹性连接板连接，要避免与传动轴发生刚性连接，所有螺钉必须用胶固定，防止松脱，注意不要超过允许的轴负载。

编程基础篇

*No.*1 高电平和低电平是什么意思?

在数字电子技术中,高低电平指的是用电压来表示两种状态。高电平为一种状态,低电平为与高电平相反的另一种状态。相当于表示"1"和"0"。

在电路中,高低电平均有具体的电压数值。但作逻辑分析与电压数值无关,统称为高电平、低电平。

*No.*2 什么叫上升沿?什么叫下降沿?

在数字电子系统中,所有传送的信号均为开关量,即只有两种状态的电信号,这种电信号称作脉冲信号,这是所有数字电路中的基本电信号,

一个标准的脉冲信号如下图所示。

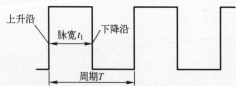

脉冲信号的各部分名称说明如下:

上升沿、下降沿；把脉冲信号由低电压跳变至高电压的脉冲信号边沿称为上升沿，把由高电压跳变至低电压的边沿称为下降沿，有的资料上又叫前沿、后沿。

周期 T：脉冲信号变化一次所需要的时间。

脉冲宽度 t_1：脉冲信号的宽度，即有脉冲信号的时间。

频率 f：指 1s 钟内脉冲信号周期变化的次数。

占空比：指脉冲宽度 t_1 与周期 T 的比例百分比。

No.3 李老师，经常看到正逻辑、负逻辑，它们到底是什么关系？

正逻辑和负逻辑是对同一个逻辑状态的两种描述方式。在数字电路中，经常把两种对立的状态用"1"和"0"描述，但到底哪种状态是"1"哪种状态是"0"并没有明确的规定，这样就影响了人们之间的交流。后来就做了以下的规定：在脉冲信号中，如果把高电平用"1"表示，低电平用"0"表示，则认为是正逻辑关系。反之，则认为是负逻辑关系。

No.4 什么叫时序图？在学习 PLC 控制中，它有什么作用？

在数字电子技术上，时序图就是按照时间顺序画出各个输入、输出脉冲信号的波形对应图。

时序图是数字电路和数字电子技术中一个非常有用的分析工具。有了时序图，可以通过分析时序图得到输入和输出的逻辑关系和时序关系。从而设计出符合要求的电路或梯形图程序。在程序运行时，可以通过软件去监控各个信号之间的时序关系，从而检测程序设计是否符合要求和找到问题所在。

*No.*5 通过输入、输出关系的时序图是不是都可以写出它们之间的逻辑关系表达式？

不一定。如果输出完全由输入之间的逻辑组合关系所决定，那可以通过输出和输入之间的时序图写出它们之间的逻辑关系。但如果输出不但与输入之间的逻辑组合关系有关，还与输出之前的状态有关，则不能通过输出和输入之间的时序图写出它们之间的逻辑关系。

*No.*6 真值表是什么？它是如何做出来的？

通过列表的方式来描述逻辑运算关系的表格叫作逻辑真值表。逻辑真值表是将输入逻辑变量的所有状态组合与其对应的输出逻辑变量的状态逐个列举出来所形成的表格，因此，真值表具有唯一性。它真实地反映了输入变量取值（即表示状态的 0 和 1）和输出变量取值（0 和 1）之间的关系。真值表是描述逻辑功能的一种重要方法。

真值表的编制也非常简单，直接根据实际控制要求将输入逻辑变量的所有状态组合与其对应的输出逻辑变量的状态逐个列举出来形成表格，向表中各个输入、输出变量赋值即可。

*No.*7 立即寻址和直接寻址有什么区别？

立即寻址是指操作数本身就是一个常数、十进制数（K）、十六进制数（H）和实数（E）。在立即寻址中，操作数是不能改变的。

直接寻址是指操作数是一个软元件地址，具体是由这个地址的软元件内容所决定的。因此，在立即寻址中，通过改变这个地址的软元件内容来改变操作数的内容。

No.8 什么是变址寻址？它有什么作用？

变址寻址是指利用变址寄存器（V 或 Z）的内容对操作数地址的修正而得到真正的操作数地址的一种寻址方式。例如，直接寻址是 D0，但利用 V 或 Z 可以把 D0 修正到 D10，D10 才是操作数的地址。

变址寻址的主要作用是可以大大简化程序。例如循环加，利用变址寻址程序十分简单。另外，某些功能指令在程序中只能用一次，而利用变址寻址，可以把同一条指令相当于用了两次。

No.9 什么是变址操作数？它是如何变址的？

变址操作数也是一个编程软元件。它由两个编程软元件联合组成。前一个编程元件为可以进行变址操作的软元件，后一个编程元件为变址寄存器 V、Z 中的一个。下列组合都是合法的变址操作数：X0V2、D10Z3、K2X10V0、K15Z5、T5Z1、C10V4。

变址操作数是如何进行变址的呢？变址寻址的方式规定是：

1）变址后的操作软元件不变。

2）变址后的操作数地址为变址操作软元件的编号加上变址寄存器的数值。

No.10 老师，D10V2 它的正确地址是多少？

D10V2 变址后的地址是：D 的编址 +（V2）。（V2）是 V2 的内容。

例如：（V2）= K5，则 10+5 = 15，为 D15。

（V2）= K100，则 10+100 = 110，为 D110。

No.11　我不理解 K4M10Z0 是怎么变址的？

组合位元件也可以变址，但不能对组数（Kn）进行变址，只能对组合位元件进行变址，变址的规则是一样的。

K4M10Z0，如（Z0）= K10，则变址后的组合位元件为 K4M20。

No.12　老师，X3V0 中，如果（V0）= K10，变址后的地址为什么不是 X13？

在软元件中，X、Y 是以八进制编址的。因此，若对 X、Y 进行变址，后移的位数仍然不变，但编址必须按八进制推算。

例如：X3V0，（V0）= K10，则变址后地址是从 X4 算起，往后移动 10 次的地址，但中间不能计算 X8·X9（X28·X29……等类同）。这样，变址后的地址为 X15，而不是 X13。

有一种方法是先把（V0）变成八进制数，然后直接和 X 的编址相加，就得到变址后的 X 编址。同上例，（V0）= K10 =（12）8，然后，3+12 = 15 为 X 的编址。但这种方法并不全面，如果碰到八进制相加后尾数为 7、8、0、1 时，必须再加 2 才是变址后的地址。例如，同样 X3V0，（V0）= K13 =（15）8，然后，3+15 = 18，变址后地址不是 X18（不存在），而是 X20。使用这种方法必须注意这一点。

No.13 我在程序中看到这样的指令格式：MOV K15V2 D10，这里 K15V2 应如何去理解它？

K15V2 为常数的变址，是常数直接发生变化。在变址中，常数也可以变址，规则和软元件一样。

例如 K15V2，（V2）= K13，则变址后的操作数为 K15＋K13＝K28，这样只要改变 V2 的内容，就可以改变立即寻址最后操作数不能变化的特点。

No.14 变址寄存器 V、Z 是不是只能用于变址？

变址寄存器 V、Z 和数据寄存器一样，也是一个 16 位的字元件。如果程序中用到变址时，必须用 V、Z 作为变址寄存器用。但如果在程序中没有使用变址时，V、Z 均可作为普通的数据寄存器使用。

No.15 同样是变址，V 和 Z 在使用上有什么不同？

V、Z 虽然是不同符号的变址寄存器，但它们在变址使用上是一样的，不存在先用后用、多用少用等问题。想用哪个就用哪个，没有任何限制。

但 V 和 Z 组成 32 位变址寄存器时，V 和 Z 的使用就有了不同，这时，规定 V 为高 16 位，Z 为低 16 位，且编址相同的配对，例如 V0Z0、V5Z5 等。

No.16 是不是所有指令的操作数都能进行变址寻址？

不是所有指令的操作数都能进行变址寻址，例如，特殊辅助继电器 M 不能进行变址寻址，组合位元件中的组别 K 不能进行变址寻址等。在功能指令表示中，凡操作数符号后面加"."号的，均能进行变址寻址，不加"."号的不能进行变址寻址。

No.17 我在程序中输入指令 DMOVP K300，D0Z4，设 Z4＝K10，执行后，总不能把 K300 传送到 (D11，D10) 中去，为什么？

很可能你在变址寄存器 V4 中设置了数，32 位指令的变址寄存器不是 Z4，而是 V4Z4，如果 (V4，Z4) ＝ K10 就会正确传递，如果 (V4，Z4) 不为 K10，则 (V4，Z4) 传递就出错了。

No.18 能对变址寄存器本身进行变址寻址吗？例如 V0V1、Z0V2 等。

不能，变址寄存器本身不能进行变址寻址。

No.19 请问 32 位指令进行变址寻址时，其变址寄存器也是 V 或 Z 吗？

在变址寻址中，V 或 Z 只能用于 16 位指令寻址，如果是 32 位指令的变址寻址，其变址寄存器应为由 V、Z 组成的 32 位寄存器，其组成的规定是：

1）V 为高 16 位，Z 为低 16 位，

2）V、Z 编址必须相同，即只能是 V0Z0、V5Z5 等，不能是 V0Z2、V1Z0。

No.20 在 PLC 中是如何表示和处理数据的呢？

PLC 是一个只能处理开关量信号（脉冲信号）的数字控制设备。但 PLC 技术的发展使 PLC 不但具有对开关量的逻辑处理功能，还具有数据运算和处理功能。我们知道，多个二进制位就可以组成一个二进制数。二进制数和十进制数一样，能够进行各种算术运算。同时，一个多位二进制的不同组合也可以用来进行编码以表示各种字符数据。

在 PLC 中，把多位二进制数组成一个整体，用它来表示一个数或字符（称为数据），对这个整体进行处理就是 PLC 中数据的表示和处理。

No.21 字和字节是什么？

在 PLC 中，是通过一个二进制位组合的整体来进行数据处理的。这个二进制位组合的位数多少便形成了一些在计算机技术中专用的名词术语。它们是：

位（bit）：就是 1 位二进制数。它的特点是位只有两种状态，"1" 或 "0"。

数位（digit）：由 4 位二进制数组成的数据量整体。

字节（byte）：由 8 位二进制数组成的数据量整体。

字（word）：由 16 位二进制数组成的数据量整体。

双字（D）：由 32 位二进制数组成的数据量整体。

*No.*22 三菱 PLC 中，对于位、字节、字、双字存储器是怎么表示的？

在三菱 FX 系列 PLC 中，所有的存储器均是 16 位二进制数整体，不存在 4 位、8 位和 32 位的整体。因此，只能处理 16 位数据。如果要处理数字（4 位）和字节（8 位）数据，必须通过编制程序来完成。对 32 位双字来说，FX PLC 规定用两个地址相邻的16 位存储器组成 32 位存储器，并规定 Dn 为低 16 位，Dn+1 为高16 位。

*No.*23 怎么计算一个 32 位的二进制数有几个字或字节？

在数字技术中，字是指 16 位二进制数的整体，而字节是指 8位二进制数的整体。

因此，1 个 32 位的二进制数含有 2 个字、4 个字节。

*No.*24 D10.5 表示什么？好像在 FX2N PLC 中没有这么个符号？

这是一个为 FX3 系列 PLC 专门开发的针对数据寄存器 D 的二进制位进行直接操作的编程位元件。

D10.5 指数据寄存器 D10 的 b5 位，即第 6 个二进制位。

No.25 老师，下面的程序是什么意思？

```
      D100.A
 ├──┤ ├─────────────────────( Y010 )──┤
```

这个程序的含义是：当数据寄存器 D100 的 b10 位为"1"时，该常开触点闭合，驱动 Y10 输出；而当 b10 位为"0"时，则常开触点为断开，断开 Y10 输出。

No.26 李老师，您能不能举一个例子说明编程软元件 D□.b 的具体应用？

现举例说明一下，下面是一段对数据组 D11～D20 的 10 个数据的正数进行累加的小程序。

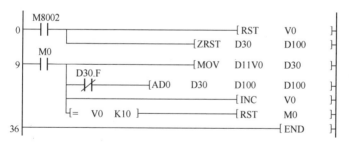

No.27 什么是组合位元件？它的组成有什么规定？

组合位元件是指由多个连续编址的位元件所组成的字元件，三菱 FX 系列 PLC 对组合位元件做了如下规定：

1）组合元件的助记符是

Kn+组件起始号

其中，n 表示组数，起始号为组件最低编号。

2）组合位元件的位组规定 4 位为一组，表示 4 位二进制数，多于一组以 4 的倍数增加，

*No.*28 请问组合位元件 KnXX 在程序中都用在什么场合？

组合位元件 KnXX 是一个特殊的字元件，它是唯一把字元件和位元件联系在一起的编程软元件。它在程序中主要用于以下一些场合。

1）可以简化程序设计，一次性同时控制多个位元件的状态，例如 MOV H1302 K4Y0，指令执行后，Y1、Y0、Y11、Y14 同时被驱动输出。

2）可以将开关量转换成数字量送入 PLC，例如 BIN K4X0 D0，指令执行后，可将外接在 X0～X17 端口的数字开关所代表的 BCD 码送入 D0，也可将 PLC 的数字量控制输出 Y 上所连接的数码管。

3）将特殊功能模块或外部设备中的状态数据（状态字）通过组合位元件拆分成位元件的状态，观察特殊功能模块或外部设备中的工作状态。

4）通过组合位元件可以对字进行字节、数位的分离和组合处理。

*No.*29 M0、M1 数值都为 1，其他的为 0，那么 K4M0 数值等于多少？可以讲解下吗？

组合位元件 K4M0 是由 16 个 M 元件（M0～M15）组成的一个

16 位字元件，每个 M 相当于字元件中的二进制位。如 M0 为 1，则相当于字元件中 b0 为 1，依次类推。如 M0、M1 为 1，其他均为 0，则组成的字元件是：0000 0000 0000 0011，换成十进制值为 K3。

No.30 在 K4M0，M0～M15 都会被占用吗？为什么？

K4M0 是组合位元件，K4 表示 4 组，每组 4 个位元件，共 16 个位元件；M0 为组合位元件起始地址。这样，K4M0 表示从 M0～M15 共 16 个位元件组成的一个字元件。所以，M0～M15 都被占用。

No.31 指令 BMOV K1X040 K1M260 中，K1 怎么理解？

指令中 K1X040 和 K1M260 均为组合位元件。K1 表示仅一组位元件，按规定一组含连续编址的 4 个位元件。所以 K1X040 表示 X040～X043 组成的组合位元件，K1M260 表示 M260～M263 组成的组合位元件。

No.32 老师，指令 MOV H301C K4M10 执行后，哪几个 M 为 "1"？

首先把 H301C 变成二进制数为：0011000000011100. 然后找出与其相对应的 M 位。举例中，M12、M13、M14、M22、M23 为 1。其余位均为 0。

No.33 老师,我想了很久,不知道下面指令的操作数 K2X0Z0 是什么意思。

K2X0V0 是一个变址寻址的组合位元件,其变址的 X0~X7 理解如下:

如果 (V0)= K8,则 K2X0V0 变为 K2X10,即 X10~X17。如果 (V0)= K4,则 K2X0V0 变为 K2X4,即 X4~X7,X10~X14。

No.34 停电保持继电器 M 是不是断电后一直保持它在断电前的状态? 那再次上电后,它的状态也保持不变吗?

是的,停电保持继电器 M 能够在停电后一直保持它在停电前的状态。但在再次上电后,它的状态仅能保持一个扫描周期,如果要继续利用它以前的状态,还必须设计程序使它在一个扫描周期后仍然保持以前的状态。这种处理一般是指继电器停电前为 ON 的状态。

No.35 听说有一些停电保持继电器 M 可以通过设置更改为非停电保持型,是哪些继电器 M? 在什么地方设置?

对 FX3U PLC 来说,其中 M500~M1023 为可以通过设置更改为非停电保持型。在编程软件的"工程"→"PLC 参数"→"软元件"选项卡中设置。

*No.*36　老师，我用 M500 做停电保持继电器用，但是发现再次上电后，它们仍然复位了，并没有保持停电前的状态，这是为什么？

可能是两个原因造成的。一是 M500 没有被设置成非停电保持型；二是如果 M500 是停电保持型，再上电后也只能保持一个扫描周期，要想更长时间保持，必须在开机后的第一个扫描周期内对 M500 用程序进行自保持。你的程序中如果没有这段程序，它会在一个扫描周期后复位，请你检查一下。

*No.*37　特殊辅助继电器 M8002 有什么用？

M8002 是开机脉冲，即上电后仅接通一个扫描周期，其主要应用在程序的初始化处理中。例如程序执行前，把所用的位软元件复位和字元件清零，对程序所需的数据、标志位状态等进行一次性的存储。这种处理希望仅在第一次扫描周期里完成，在以后的扫描周期里不再执行，这样做可以减少程序的运行时间。一般来说，初始化处理程序都放在应用程序的最前面。

*No.*38　我想用 X0 去驱动时钟脉冲 M8013，当 X0 闭合后，M8013 开始计时，可在编程软件上输入 OUT　M8013 时总是出错，不知是什么原因？

特殊辅助继电器有一种是触点可利用型（只读型），这种继电器用户只能利用其触点（常开、常闭），而在程序中不能出现其线圈。M8013 就是触点可利用型特殊辅助继电器。所以，你想程序输入其线圈会总是出错。

M8013 为秒时钟脉冲继电器，只要 PLC 上电，它就永远不断地发出时钟脉冲，它的触点就会一秒钟周期通断一次，不受任何外界因素影响。在程序中，通常是利用它的触点驱动输出，输出也周期性变化。

No.39 是不是特殊继电器 M8034 被驱动后，程序立即停止运行，所有输出 Y 均停止，输出变为 OFF？

M8034 是 PLC 输出禁止继电器。顾名思义，当 M8034 被驱动后，所有输出 Y 均被禁止，输出触点一直保持 OFF 状态。但是 PLC 程序仍在不断运行，运行过程中，所有的 Y 的状态也随程序运行而变化，但这种变化仅在 I/O 的映像区中发生改变，而不对输出 Y 的锁存电路进行刷新。

No.40 FX2N PLC 的标记位 M8020、M8021、M8022 是否适用四则运算中的乘除法运算？

M8020、M8021 和 M8022 是加减法运算结果状态标志位，它们不适用于四则运算中的乘除运算。也就是说，乘除运算结果并不适用于这些标志位。

No.41 恒定扫描继电器 M8039 是做什么用的？是不是每个扫描周期 M8039 通断一次？

PLC 中有些功能指令是和扫描同步执行的，并希望每个扫描周期都一样。而 M8039 可以使扫描周期固定于一个时间，使 PLC

的扫描周期不低于这个数。那如果 PLC 的实际扫描时间少于这个数，PLC 也要消耗剩余的时间，直到达到恒定扫描时间才会返回到 0 步。

*No.*42　我想输入 OUT M8011 驱动 10 ms 时钟，但总不能输入，为什么?

特殊辅助继电器分为两种：一种是只读型，在程序中只能利用其触点作为驱动条件，不能驱动其线圈，M8011 就是只读型特殊辅助继电器；另一种是可读写型，在程序中既可利用其触点做驱动条件，也可以驱动其线圈。

*No.*43　老师，能介绍一下编程软元件 U□\G□ 的含义和应用吗?

FX3U 系列 PLC 为方便操作特殊功能模块的缓冲存储器 BFM。特地开发了一个专门用于特殊功能模块缓冲存储器 BFM 操作的编程软元件：U□\G□。其内容与取值如下表所示。

操作数	内容与取值
U□	特殊功能模块位置编号，□=0~7
G□	特殊功能模块缓冲存储器 BFM#编号，□=0~32767

在功能指令中，字元件 U□\G□ 是作为操作数出现的，这样就给特殊功能模块的缓冲存储器 BFM 的操作带来了很大的方便。例如：MOV　U1\G5　D10 的功能就是把 1#模块 BFM#5 的内容传送到 D10 中。

No.44 什么是文件寄存器？它和数据寄存器 D 有什么区别？

文件寄存器实际上是一类专用数据寄存器，用于存储大量的 PLC 应用程序需要用到的数据，例如采集数据、统计计算数据、产品标准数据、数表、多组控制参数等。

文件寄存器是将数据寄存器 D 中专门取出一块区域（D1000～D7999）用作文件寄存器。按每 500 个 D 为一块进行分配，每个为 14 块（7000 个 D）。当然，如果这些区域的数据寄存器 D 不用作文件寄存器，则仍然当作通用寄存器使用。

No.45 三菱 FX PLC 中有没有 8 位的数据寄存器？三菱 PLC 是如何处理 8 位数据的？

三菱 FX PLC 的寄存器统一为 16 位寄存器，没有单独的 8 位寄存器。如果要处理 8 位数据，只能通过编写程序进行。在三菱 FX3 系列 PLC 中，开发了把字（16 位）直接分离成字节（8 位）的指令，这给处理 8 位数据带来了很大的方便。

No.46 我想了解一下扫描时间，到哪里去了解？

关于程序扫描时间的数据，FX PLC 有三个特殊数据寄存器记录与扫描时间有关的数据：

D8010：扫描当前值（0.1 ms 单位）；

D8011：扫描时间最小值（0.1 ms 单位）；

D8012：扫描时间最大值（0.1 ms 单位）。

*No.*47 老师，程序最后出现了 CJ P0，P0 是什么? 有什么作用?

程序中的 P0 为指针。P 为指针标号，0 是指针的编址。FX3U 的指针编址为 P0~P4095，共 4096 个指针。

指针是程序发生转移时，要转移去的入口地址标号。指针一般用于转移指令 CJ 和子程序调用指令 CALL。转移指令的指针可指向程序任意地方，而子程序调用指令的指针只能在副程序区子程序处。

作为标号的指针只能出现在梯形图左母线外侧程序行旁边。

*No.*48 怎样修改 FX3U 特殊寄存器 D8005 的参数?

D8005 是内置电池电压当前值特殊数据寄存器，其内容随电池电压而自动改变。它的内容是不能够从外部进行修改的，因此，不可以去修改 D8005 的参数值。

在特殊数据寄存器中，像 D8005 这种类型的寄存器，叫作只读存储器，其内容只能在程序中读取，而不能在程序中对其做任何写入操作。

*No.*49 三菱 PLC 数据寄存器 D，写的次数有没有限制? 无限吗?

三菱 PLC 的数据寄存器 D 是一种 RAM 型的寄存器，它的特点是：存新除旧，断电为 0。理论上说，它的写入次数没有限制，为无限次。实际上受到 RAM 器件本身寿命的影响，不可能是无限次。

*No.*50　FX3U 新增加了两个数据寄存器 R 和 ER，它们和 D 有什么区别？

D、R 和 ER 都是 16 位数据寄存器。其中 R 和 D 基本上一样。都是在内置 RAM 中，只不过 R 的数量更多，为 32767 个。在程序中，R 主要作为文件寄存器用，如不用作文件寄存器也可作普通数据寄存器用。扩展文件寄存器 ER 必须在 PLC 上增加专用的存储器才能使用，ER 是专用的文件寄存器，不能作普通数据寄存器用，必须使用专用的功能指令进行读写。

*No.*51　指令 ADD　U1\G5　D10　D20 的功能含义是什么？

这条指令是与特殊功能模块有关的加法指令。指令中，U1\G5 是模块缓冲存储器 BFM 指令软元件，其中 U1 为地址是 1# 的功能模块，G5 为该模块的 5# 存储单元。指令的解读是：把 1# 功能模块 5# 存储单元的数与数据寄存器 D10 的数相加，相加的和送到 D20 中存储。

*No.*52　在三菱 FX2N PLC 中，如何将 D1000 以后的数据寄存器设置成文件寄存器？在参数窗口中为什么找不到设置的地方？

文件寄存器的设置在"PLC 参数设置"中的"存储器容量设置"选项卡下的文件寄存器菜单框中进行。按 500 个存储单元为一块进行设置，最多 14 块（7000 个 D）。

No.53 老师，为什么把常数 K、H 和浮点数 E 也看作字元件？

在 PLC 中，不管是 K、H 还是 E 都是以 16 位或 32 位二进制数的方式存储的。因此，实际上它们本身就是一个字或双字，所以把它们看作字元件。至于用户输入时用 K、H、E 和编程软件显示时为 K、H、E，那都是为了方便用户而专门进行过处理的。在 PLC 内部，所有的数都是以二进制形式存储的，不存在什么 K、H 和 E 数。

No.54 嵌套是什么？PLC 中有哪些程序中会用到嵌套？

嵌套是指，在程序中执行某种功能操作时，再次执行同性质类型的功能操作（当然内容不相同）。例如，调用子程序 1 时，出现了另一个调用子程序 2，这就叫作子程序嵌套。在 PLC 中，嵌套的次数是受到限制的。

在 PLC 中，经常用到嵌套的有循环程序、主控指令程序、调用子程序和中断程序。

No.55 下面两种梯形图编辑，我试了一下，都可以进行编辑，且能完成相同的功能。在实际程序编写中，为什么都强调按第二种方式编写呢？

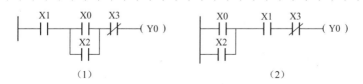

（1）　　　　　　　　　　　　　　（2）

是的，这两种梯形图都能正确运行，它们的差别是，第二种转换成指令语句表程序所占用的程序步要少，程序容量较小，所以一般都提倡按第二种方式编辑梯形图。

No.56 梯形图的梯级与程序行是什么关系？是不是一行程序就是一个梯级？

梯级是梯形图的基本组成单位。梯级是指从梯形图的左母线出发，经过驱动条件和驱动输出而到达右母线所形成的一个完整的信号流回路。每个梯级至少有一个输出元件或指令。当一个梯级有多个输出时，其余的输出所在的行称为分支。

一个梯级在梯形图上有一个且只有一个步序号。一个梯级可以只是一行程序，但一行程序不一定是一个梯级。

No.57 老师，梯形图上左母线外侧数字表示什么？

梯形图上左母线外侧的数字含义是该梯级的程序步编址首址。例如 35 表示前面的梯形图程序已占用了 34 程序步，本梯级程序行从 35 步开始计算。步的编制从 0 开始到 END 结束，表示梯形图占用的程序容量，程序容量不能超过 PLC 的用户程序容量程序步。

No.58 不同品牌的 PLC 梯形图的编辑方式是否一致？

不同品牌的 PLC 梯形图的编辑不一样，但梯形图的基本结构、梯级、分支、输入驱动条件、输出驱动是相同的，学会了一种 PLC 的梯形图编辑，对学习另一种 PLC 的梯形图编辑是大有帮助的。

No.59 我在学习 PLC 编程时，有人说：指令语句表程序很重要，一定要学会编写指令语句表程序；有人说，有了编程软件，只需懂编辑梯形图程序即可。老师，这两种说法哪种对？

这两种说法，后一种说法比较符合实际情况，指令语句表程序在编程软件出现之前的确非常重要，是技术人员必须掌握的技术。因为那时梯形图程序是不能直接输入到 PLC 中去的，这就需要将梯形图程序转换成指令语句表程序，再用手持编程器一条指令一条指令地输入到 PLC 中。后来出现了计算机（PC）和编程软件，但由于计算机价格较高，普及率受到影响，所以在现场调试程序仍然以手持编程器为主。在这种情况下，要求工程技术人员对梯形图转换成指令语句表程序要非常熟练，要求能正确理解和熟练掌握指令语句表程序。但是，随着科学技术特别是 IT 技术的迅猛发展，到今天，计算机（包括手提计算机）已经普及了，PLC 的编程软件已成为所有学习和应用 PLC 技术的工程技术人员、教学人员所必须掌握的工具。在编程软件内，你只要会编辑梯形图程序（就是不懂 PLC 的人也可以学会输入的），学会写入操作，就可以直接把梯形图输入到 PLC 中。这时，懂不懂指令语句表程序就不是很重要了。所以，学习 PLC 重点是学会编程软件的使用，不需要再学习手持编程器的操作。

No.60 老师，定时器到底是字元件还是位元件？

定时器是 PLC 中的一个较为特殊的软元件。它的当前值和设定值是数据寄存器结构，因此，是一个字元件。而它的线圈和输出触点却是一个位元件。触点可以作为驱动条件控制电路的通断。

*No.*61 我想在程序中 20 个地方使用定时器的常开触点可以吗？如果定时器定时时间到，这 20 个常开触点是一起动作吗？

可以，因为定时器的触点（常开或常闭）是一个编程软元件，它可以在程序中使用无限次，相当于有无限个触点供你使用。这 20 个触点不是一起动作的。PLC 的程序运行是逐行逐行扫描执行的，扫描到哪一行，哪一行的触点才动作。因此，严格地讲，这 20 个触点是动作有先有后的，不是一起动作的。

*No.*62 书上说，定时器只有通电延时触点，我想用断电延时触点怎么办？

定时器只有通电延时触点，如果想使用断电延时触点，只有通过编制断电延时程序才能做到，下图为一断电延时断开的程序，供参考。

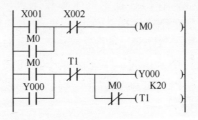

*No.*63 我在别人的程序中看到 T5 D100，我不明白这个 T5 的定时时间设定值到底是多少。

定时器 T5 D100 的定时时间设定值就是数据寄存器 D100 的

值，这是定时器定时时间间接设定方式。间接设定的好处是只要改变 D100 的值，就等于改变了定时器的定时时间设定值。

No.64　定时器的当前值指什么？当前值有什么用？

当定时器被驱动开始计时后，其定时时间是从 0 开始变化的，一直变化到设定值为止，这个不停变化的值就叫作定时器的当前值。当前值给用户提供了一种定时器的使用功能，即与触点比较指令相配合，可以在设定值范围内任一时间点对输出进行定时控制。

No.65　如何提高定时器的定时精度？

定时器根据计数时钟分为 100 ms、10 ms 和 1 ms 三种，它们的区别在于定时时间的时基不同。100 ms 定时器是按照 0.1 s 的时基变化的，而 1 ms 定时器是按照 0.001 s 的时基变化的。如果要提高定时器的精度，就选用 1 ms 定时器。

No.66　三菱 FX2N PLC 怎么才能让定时器停止计时，恢复后继续计时？

三菱 FX2N PLC 定时器只有累加型定时器 T246～T255 具有这种功能。累加型定时器又叫积算型定时器、断电保持型定时器。它和通用定时器的区别在于，累加型定时器在定时的过程中，如果驱动条件不成立或停电引起计时停止时，累加型定时器能保持计时当前值，等到驱动条件成立或复电后，计时会在原计时基础上继续进行，当累加时间到达设定值时，定时器触点动作。

*No.*67 我一直不明白为什么在子程序中，要使用 T192~T199 定时器，难道使用其他定时器不行吗？

在子程序中，既可以使用普通定时器，也可以使用子程序专用定时器 T192~T199。它们两者的区别是，普通定时器仅在执行子程序时才计时，如果不执行子程序，计时会中断，这样，就影响了计时的准确性，发生计时误差；而 T192~T199 则不会，在子程序中启动了专用定时器，即使子程序不执行了，定时器仍然继续计时，这样就保证了计时的准确性。

*No.*68 什么是积算型定时器？它和通用定时器的差别在哪里？

积算型定时器又叫断电保持型定时器，它和通用定时器的区别在于积算型定时器在定时过程中，如果驱动条件断开或断电引起计时停止时，能保持计时当前值。而等到驱动条件接通或上电后，会在原来计时的基础上继续计时，直到计时达到设定值为止。

*No.*69 李老师，请您详细介绍一下如何使定时器复位的知识。

定时器复位根据其复位方式不同而不同，对通用型定时器来说，其启动和复位均由驱动条件来决定。驱动条件由导通变为断开时，定时器马上复位。另外，当 PLC 发生断电时，定时器也自动复位。对积算型定时器来说，其不因驱动条件断开或断电而复位，必须使用 RST 指令复位。当然，普通定时器也可以用 RST 指令复位。

请问高手，定时器 **T5 K10** 是不是它的定时设定值为 **10 s**?

定时器的定时设定值是设定值乘以定时器的时钟脉冲周期（时基）。不同编址的定时器其时钟脉冲周期是不一样的，所有定时器被分为 100 ms、10 ms 和 1 ms 三种时钟脉冲周期。同样的设定值，但因编址不同其定时时间设定值也不同，例如：

T5　K10　定时时间为 1 s

T243　K10　定时时间为 0.1 s

T275　K10　定时时间为 0.01 s

定时器编址与时钟脉冲周期的关系可查阅相关资料或手册。

*No.*71 在梯形图程序中，定时器当前值是如何表示的？

在程序中，定时器的当前值是作为功能指令的操作数出现的，其表示为定时器的编址。例如：

RST　T248　将定时器 T248 当前值复位

MOV　T10　D0　把定时器 T10 当前值传送到 D0 中去

*No.*72 把定时器复位，定时器发生了哪些变化？

定时器复位，主要产生下面的动作。

1）定时器的当前值变为 0。

2）定时器的触点恢复为最初的状态（即常开为常开，常闭为常闭）。

No.73 请教前辈，当定时器计时达到设定值后，如果驱动条件仍然成立，定时器会继续计时吗？

当定时器定时达到设定值后，如果驱动条件仍然成立，定时器的当前值不再发生变化，保持设定值不变，不会继续计时，等待定时器复位。

No.74 为什么定时器 T0 K40000 输入时会发生输入不进去的错误？

定时器的设定值寄存器是一个 16 位的数据寄存器，其最大值为 K32767。而 K40000 已经超过了这个最大值，所以不能输入梯形图。

No.75 李老师，T0 K−500 的定时时间设定值是多少？

定时器的定时值不能设定为负值，如果设定为负值，则规定它的定时时间设定为 0 s。

No.76 老师，我不懂程序中 T10 K100V0 的定时时间设定值是多少，能给我说一下吗？

T0 K100V0 为定时器的变址设定。其定时值与 V0 的数值有关，定时值为 K100+(V0)，例如，(V0)= K10，则定时为 K100 +(V0)，定时时间值为 11 s。

_No._77 老师，我看到一台设备上有两个数字开关，工人告诉我说，这是用来修改时间设定的，我想弄明白，它是如何改变时间设定的？

利用数字开关可以从外部改变定时器设定值，其设定步骤是：

1）利用 B1N 指令将外部数字开关的 8421 BCD 码转换成二进制数并传送给一个数据寄存器存储起来，例如 BCD K2X0 D10。

2）将 D10 设定为定时器的设定值，例如 T0 D10，这样，改变数字开关的值，就等于改变 PLC 内定时器的设定值。

_No._78 李老师，我不想用触摸屏改变定时器的设定值，因为太贵，能不能给我介绍一下其他方法从外部改变定时器的设定值？

除了用文本显示器和触摸屏来改变定时器的设定值之外，早期的 PLC 的定时器设定值是通过输入端外接各种开关来改变设定值的，这些方法简单、实用、成本低，缺点是占用输入端口比较多，现介绍如下：

1）外接按钮输入：设计程序，使用按钮每按一下增加或减少定时时间（0.1 s 或 1 s），这样通过两个按钮的动作次数就可以基本估计定时时间的多少。

2）外接开关输入：设计程序，利用开关的不同组态输入预先设定的定时时间。

3）外接一组拨码开关；拨码开关可以组成一组二进制数（N 为开关个数），PLC 通过指令把该 N 位二进制数送入内存，作为定时器的设定值。这就是 PLC 早期人机对话方式。比较上面三种方法，拨码开关程序设计简单，设定值准确。

4）外接数字开关：程序中使用功能指令 BIN 直接把数字开关的十进制值送入 PLC 的内存作为定时器的设定值。这是目前仍然在大量使用的一种方法。

5）外接按键输入：在输入端接入 10 个按键（常复位）的开关，通过功能指令 TKY 将外部按键输入顺序送入 PLC 内存作为定时器的设定值。

上诉几种方法的讲解、外部接线和程序编制详见李金城老师编著的《三菱 FX3U PLC 应用基础与编程入门》一书第 4 章。

*No.*79 我的控制对象是以小时延时控制的，如果用多个定时器接力方式完成，又感到太复杂，有没有其他的方式呢？

多个定时器按理可以延长定时时间，但用到的定时器较多，还要进行准确计算。如果只是精确到小时，可以利用计时器指令 HOUR，它的基本功能是当驱动条件成立后，对驱动条件的闭合时间进行累加检测，当时间到达设定时间时，驱动事先设定的输出。HOUR 指令的设定时间以小时计。

*No.*80 定时器在计时运行过程中，如果突然人为改变定时器的当前值，定时器会如何继续工作？

在定时器运行过程中，如果改变定时器的当前值，则定时器按照改变后的当前值继续运行下去，直到达到设定值。但必须注意，仅当改变定时器当前值的指定驱动条件断开后，定时器才会按照改变后的当前值继续运行下去。如果改变的当前值大于设定值，则定时器马上停止运行，相应触点动作。

No.81　实训班老师说，计数器在使用前一定要清零，为什么？

是的。程序中使用某个计数器前，必须先对它清零，因为计数器在上一次使用后其残留的计数值不会自动清除，一定要通过 RST 指令进行清零，否则必然会影响后面计数。

No.82　我用指令 MOV C210 D0 将 C210 的当前值传送到 D0 中去，发现传送结果不对，为什么？

C210 是 32 位加减计数器，应用 DMOV C210 D0 才对，用 16 位指令 MOV 肯定会发生错误。

No.83　当我用 X0 驱动计数器 C0 K100 时，为什么 X0 断开时，计数器并不复位？

这是学员利用定时器概念来理解计数器时所产生的问题。定时器的驱动条件也是定时器复位的条件，定时器不论是在运行中还是计数到设定值后，只要驱动条件一断开，定时器就复位。而计数器的驱动条件是计数器的计数对象，即驱动条件通断一次，计数器计数一次。而计数器的复位必须用 RST 指令进行。

No.84 老师，我用一个计数器 C10 对一个开孔码盘进行计数，可是当码盘转快时，发现计数很不准确，为什么？

PLC 是采用循环扫描工作方式，对 PLC 外部端口的状态，一个扫描周期集中采集一次。因此，在用户程序执行过程中，如果外部端口状态发生了变化，PLC 是不会收到的，这就产生了计数误差。你提到的码盘速度较快时，脉冲输入的时间已经短过 PLC 的扫描时间，许多脉冲已不能被计数器所计数，因此产生了计数不准确的现象。

No.85 PLC 的计数器对输入脉冲的快慢和多少有要求吗？

三菱 FX PLC 的计数器对脉冲输入的频率是有要求的。对内部信号计数器来说，要求脉冲信号的周期要大于 2 倍 PLC 扫描周期。例如一个扫描周期为 50 ms 的 PLC，其输入端口的脉冲输入频率应不超过 10 Hz。对于高速计数器，它是采用中断方式工作的，与 PLC 的扫描周期无关，因此，它的输入脉冲频率大小由于硬件和软件滤波的影响，一般可达到几十 kHz。

No.86 李老师，什么叫环形计数器？

所谓环形计数器是指计数器的计数是无止境的，可以不断地计数下去，不过这种计数是沿着一定的计数方式循环计数的，所以叫环形计数器。计数当前值不断地增加，当增加到 32767 时（16 位计数器），如果再增加一次脉冲，当前值不是 32768 而变成了 -32768，继续计数，就会由 -32768 变为 0，再继续由 0 变为 32767，如此循环，永无止境。减法计数则相反。环形计数器的计数如下图所示。

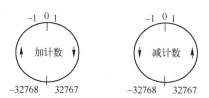

No.87　我的一个学友说，计数器的设定值可以设定为负数，是吗？那设置为负数是什么意思？

答：当计数器为 32 位加减计数器时，其设定值可以设置为负数，加减计数器是一个环形计数器，其当前值在到达预置设定值后，仍然会发生变化，是按照环形计数方式进行的，可以计数到负值。因此，加减计数器是可以设定为负值的。设定值为负值仅仅是一个计数比较设置点而已，没有特别的含义。

No.88　计数器在计数过程中，突然改变了计数器的当前值，计数器会如何继续工作？

计数器在计数过程中，突然改变了当前值，则会对计数过程产生一定的影响。对增量计数器来说，如果改变后的当前值小于设定值，则继续计数下去。如果改变后的当前值大于设定值，则当前值马上变为设定值，且触点也马上动作。对 32 位加减计数器来说，计数器会在改变后的当前值继续计数下去，触点不会动作，触点动作的时间仍按原有规定执行。

No.89 计数器一定用 RST 指令复位吗？

所有计数器必须用 RST 指令对其进行复位。另外，增量计数器在断电后会自动复位。

No.90 计数器的设定值是不是输入动作脉冲到了设定值后，其触点就动作？

对增量计数器来说，一般是这样理解的，即计数从 0 开始，到达设定值后触点动作，可以达到计数的目的。但对于 32 位加减计数器来说，其设定值实际上是一个比较值，计数中间可以任意改变其方向，形成加减计数器。当前值达到比较设定值时，触点才按规定执行动作，其动作规律可参看下一题说明。

No.91 对于增量计数器，它的设定值与触点动作的关系，我感觉很清楚，可是对于 32 位加减计数器，我始终弄不懂触点动作的规律，老师，您能给我讲一下吗？

的确，32 位加减计数器的触点动作手册上写得不是很清楚，其动作规律也的确复杂一些。加减计数器的触点动作分为加计数和减计数到达的不同，触点动作对常开触点（常闭触点相反）来说，在加计数到达设定值时，触点动作，由 OFF 变为 ON，如果原来为 ON，则保持为 ON；在减计数到达设定值时，触点由 ON 变为 OFF，如果原来为 OFF，则保持为 OFF。无论是在加计数还是在减计数，如果给计数器 RST 信号，计数器当前值马上复位为 0，其触点也恢复原态。

No.92 当计数器达到设定值后，如果仍然有脉冲信号输入，其当前值会变化吗？

当计数器计数到达设定值后，如果仍然有脉冲输入，增量式计数器则保持当前设定值不变，而 32 位加减计数器仍然发生计数变化。

No.93 计数器对计数脉冲波形有什么要求吗？如下图所示两种脉冲波形都能计数吗？

计数器对计数脉冲波形没有任何要求，与脉冲波形是不是周期脉冲、脉冲周期的大小均没有任何关系。它只是对输入驱动条件的 ON/OFF 进行统计而已。

No.94 李老师，您好，我问一个问题，基本指令中关于触点的指令是不是不需要学，只要会在软件上编辑梯形图就行，是这样吗？

我看是这样，触点指令是组成梯形图程序逻辑控制驱动条件的最基本的指令。一般来说，触点指令所组成的指令语句表程序是梯形图上逻辑组合关系驱动条件的体现。而梯形图是通过编程软件来完成的，只要学会编程软件的操作方法，各种图形结构均可以在软件上编辑出来。鉴于这种情况，编者认为，对于初学者来说，触点指令的学习重点在以下三个方面。首先，不需要去关心触点指令的具体应用，即哪些地方用 LD，哪些地方用 AND、OR 等，重点放在如何在编程软件上编辑出符合控制要求的梯形图。其次，会分析梯形图上各个触点之间的逻辑关系，即驱动条件的逻辑表达式。第三，要会根据控制要求所列举的条件，分析它们之间的逻辑关系，写出驱动条件的逻辑表达式，并根据逻辑表达式正确编辑梯形图程序。

*No.*95　逻辑关系式中的"非"在梯形图上是如何体现的？

逻辑关系式中的"非"关系在梯形图中是用其常闭触点来表示的，例如 A 用常开触点表示，则 $\overline{A}$ 用常闭触点表示。

*No.*96　梯形图上的触点之间的关系是不是都可以用一个逻辑关系式表示？

是的，梯形图上的触点之间的逻辑关系，不管图形多么复杂，都可以用一个逻辑关系式来表示。

*No.*97　下面的逻辑关系式如何在梯形图上表示？

$$Y0 = \overline{(X1 * \overline{X2} + X2 * \overline{X1}) * X3}$$

其在梯形图上的表示如下图所示。

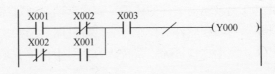

No.98 请教李老师，一个扫描周期一定是从程序开头到 END 指令结束吗？我在程序中间执行了脉冲边沿检测指令，如何计算一个扫描周期？

"一个扫描周期"是指执行一次从内部处理到输出处理的扫描操作所需要的时间。但内部处理和通信处理的时间很短，仅 1–4 ms，所以又把"一个扫描周期"看成用户从输入处理到输出处理所需要的时间。更进一步，干脆把"一个扫描周期"看成程序从 0 步开始到 END 指令结束所需要的时间。

当脉冲边沿检测指令被使用时，常说明"仅接通了一个扫描周期"。这里对"接通一个扫描周期"的理解是指从指令开始接通后的一个扫描周期。具体地说，就是从脉冲边沿操作指令开始接通的那一程序行开始，直到循环到上一程序行为止的一个扫描周期。

No.99 为什么在 PLC 程序中不能插入 END 指令？

END 指令为程序结束指令。表示应用程序到这里结束，每一个应用程序必须具有且只能有一个 END 指令。它只能放在程序的最后。

在编程软件中，END 指令是自动形成的，不需要人工输入。所以在 PLC 程序中不能插入 END 指令。

No.100 在调试程序时，怎么利用 END 指令进行分段调试？

END 指令在程序中是不能放在程序中间位置的。因此，一般不用 END 指令对程序进行分段调试，而用 FEND 指令对程序进行分段调试。

在调试时，可以将 FEND 指令插在各段程序之后，从第一段开始分段调试，调试好以后必须删去程序中间的 FEND 指令，然后再将 FEND 指令置于要调试程序段后，反复进行，直到调试结束。这种方法对程序的查错也很有用处。

No.101 我在程序中看到一个指令 FEND，这是什么指令？它与 END 指令有关系吗？

FEND 指令叫作主程序结束指令。FEND 指令无驱动条件，执行 FEND 指令和执行 END 指令功能一样，执行输出刷新、输入刷新、WDT 指令刷新和向 0 步程序返回。

当有子程序或中断子程序时，由于它们不能放在主程序区。而 END 指令为全部程序的最后一条指令，其后面不允许有任何程序，这时 FEND 指令就起到 END 指令作用。子程序和中断服务程序块放在最后一个 FEND 指令和 END 指令之间编写。

在主程序中，FEND 指令可以多次使用，但 PLC 扫描到任一 FEND 指令即向 0 步程序返回，可以利用 FEND 指令对程序进行分段调试。

No.102 读出的程序中，发现在程序行上有一个 45°的斜线，这是什么意思？

这是取反指令 INV 的图形表示。它的含义是把指令前面（即 45°斜线前）的逻辑运算结果取反，它可以在驱动条件的任意地方出现。但必须注意，它仅是把同一梯级或分支程序上的逻辑运算结果取反。

$\mathcal{N}o.103$ 在下面程序中，第一个斜线是对哪个触点求反？第二个斜线又是对哪个触点求反？

```
    |  A       B    C              |
    |--| |--/--| |--| |--/--------(Y0)--|
```

第 1 个斜线是对常闭触点 A 求反，第 2 个斜线是对前面所有的运算结果求反，用逻辑关系式来表示即

$$INV1 = \overline{\overline{A}} = A$$

$$INV2 = \overline{INV1 * B * \overline{C}}$$

$\mathcal{N}o.104$ 梯形图行线上出现了↑和↓，是什么意思？

梯形图上出现的↑和↓，均为指令的图形表示。在 FX PLC 的基本指令系统中，有三个指令在梯形图上是用图形表示的，一个是 INV 在梯形图上用一个 45°的斜线表示，见【103】题解答，另两个是用上升箭头和下降箭头表示，分别说明如下：

MEP：运算结果上升沿操作。在梯形图上用↑表示。

MEF：运算结果下降沿操作，在梯形图上用↓表示。

它们的功能是驱动条件成立时，对逻辑运算结果进行脉冲边沿操作，即只执行一个扫描周期的操作，它们在程序中只能出现在输出线圈或功能指令前面。

$\mathcal{N}o.105$ 老师，脉冲边沿操作指令上升沿是怎么定义的？

脉冲边沿操作的含义是开关量触点信号其动作时间仅执行一个扫描周期的操作。以下图 X0 的常开触点为例：

当 X0 由断开到闭合后，其所驱动的 M0 仅接通一个扫描周期，过了一个扫描周期后，虽然 X0 仍然接通，但 M0 已经断开。

*No.*106 程序中有用上升沿指令 LDP 的，也有用 LD 驱动负载的，我怎么区分应该用哪个？

LDP 为上升沿脉冲检测指令，仅执行一个扫描周期；LD 为连续执行型指令，在动作期间，每个扫描周期都会执行。具体用哪个，要根据你的程序控制要求来选择，例如算术运算指令，如不采用 LDP 则每个扫描周期都会执行一次运算，显然这不符合程序设计的原意，必须用 LDP。

*No.*107 上升沿和下降沿我懂，我搞不懂什么情况需要上升沿，什么情况需要下降沿。

下降沿是在开关量动作后执行一个扫描周期，大都用在开关量动作时间较长、动作时间不太确定的情况下；而上升沿比较适合例如点动那种动作时间很短的情况。在程序中，用得较多的还是上升沿。下降沿常用在顺序动作上。

*No.*108 在梯形图中，经常看到常开触点脉冲边沿操作指令，总看不到常闭触点脉冲边沿操作指令，这是为什么？

在 FX 系列 PLC 中，三菱公司只开发了常开触点脉冲边沿检测操作指令，没有开发常闭触点脉冲边沿检测操作指令。所以，没有常闭触点边沿操作指令。

*No.*109　老师，我想在程序中用常闭触点脉冲触发指令，该怎么办？能有替代方法吗？

可以用下面的方法将常开触点脉冲边沿操作指令变成常闭触点脉冲边沿操作指令，如下图所示。

但这种用法只能用在与母线相连的常开触点脉冲边沿检测指令上，不能用在其他地方。

*No.*110　请教前辈，用脉冲边沿检测指令 LDP X0 与在功能指令助记符后加 P 如 ADDP 有区别吗？

这两种方法都是完成相同的操作功能，即执行一个扫描周期的操作。因此，在实际应用中，采用何种方式，因人而异。但我建议，如果单是一行程序，两种方式均可。但如果一个梯级上有多个程序行，且都用同一驱动条件，则最好采用功能指令脉冲执行型（后缀加 P）来处理每一行程序为好。

*No.*111　SET、RST 指令是不是功能指令？

功能指令在三菱 FX 系列 PLC 中，是指除了基本指令集以外的指令，又叫应用指令，功能指令的基本特征是都有相应的功能号和助记符。

SET、RST 指令虽然有助记符，但没有功能号，三菱 FX 系列 PLC 把它归纳到基本指令集中。所以，SET、RST 指令不算是功能指令。

*No.*112　在三菱 PLC 编程中，置位和复位指令不是要一起使用吗？

在三菱 PLC 编程中，置位和复位指令不一定要一起使用，可以只出现置位指令，也可以只有复位指令。

*No.*113　在三菱 PLC 中，置位指令 SET 和复位指令 RST 怎么用？

关于置位指令 SET 和复位指令 RST 的使用请参考以下几点：

1）SET 是强制置位指令，RST 是强制复位指令，它们的操作均与操作软元件的过去状态无关，SET 和 RST 操作均具有自保持功能。即驱动条件断开，软元件仍保持指令所执行的状态。

2）对于同一操作软元件，可以多次使用 SET、RST 指令，不构成双线圈。

3）SET 指令请不要与 OUT 指令对同一软元件进行操作，这时会形成双线圈。

4）在程序中，如果用 SET 指令进行置位操作，必须用 RST 指令解除 SET 指令的置位。因此，在程序中，SET 指令和 RST 指令常常是成对出现的，但这并不表示一定要成对出现，RST 指令可以对 SET 指令进行复位，也可以对 OUT 指令进行复位操作。

*No.*114　NOP 指令什么都不操作，那这个指令有什么用?

NOP 指令的作用在于用手持编程器进行程序修改时，为保证程序中转移地址不改变，就用 NOP 指令代替被删除的程序步。而在计算机编程软件中进行梯形图编辑时，软件会自动调整转移地址，NOP 指令就没有这种功能了。但是，执行程序全部清除操作后，全部指令自动变为 NOP。用户程序在 END 指令以后的存储区全部自动用 NOP 指令填入。

*No.*115　NOP 指令怎么输入梯形图?

NOP 指令为空操作指令，用 GX 编程软件编写梯形图程序时，NOP 指令不能输入。它只能在指令语句表程序上进行添加。这时，把指令语句表程序转换成梯形图程序的步序编址会发生变化。

*No.*116　主控指令 MC 和 MCR 一定要成对应用吗?

主控指令 MC 和 MCR 一定要成对应用。MC N 表示主控程序段开始，而 MCR N 表示主控程序段结束。应用时，所谓成对是指 N 的操作数要相同，即 MC N0 与 MCR N0 成对。

*No.*117　主控指令中 MC N0 M100 的 N0 是什么意思?

N0 为嵌套操作数，表示该主控程序段在全部主控程序中的嵌套层次。N 的取值为 N0~N7，也即主控程序最多为 8 次嵌套使用主控指令。

*No.*118 老师，我在程序中采用了两段主控程序，请问这两段程序的主控指令都可以采用 N0 吗？都可以采用同一个主控开关 M100 吗？

如果你使用的是两个独立的主控程序段，这两个主控程序段都可以使用 N0，但主控指令可以设置不同的驱动条件。而主控指令开关 M100 也可以用在两个主控程序上。

*No.*119 请问，在主控程序中嵌套 N 是不是一定要按照 N0·N1……N7 的顺序编写？不可以按照 N0，N3，N1，……编写吗？

在主控程序中嵌套 N 不一定要按 N0 N1 N2 的顺序编写，可以不按顺序编写，如 N1 N0 N4 等，但每一个嵌套所用的主控指令和主控复位指令中的嵌套数 N 的编号必须一致。例如主控指令 MC N0 M100，其对应的主控复位指令一定是 MCR N0，不能是 MCR N1 或其他。

*No.*120 主控指令 MC N0 M100 的主控开关触点是如何出现在左母线上的？我怎么都编不出来？

在编程软件上进行主控指令编辑时应按在写入模式下编辑并转换。编辑完成后单击"读出模式"快捷图标，这时，梯形图的左母线上会出现主控开关触点。

No.121 请教李老师，对于主控程序的应用，我的理解是它就相当于一个子程序调用，这种理解对吗？

你的理解是对的。主控指令与子程序调用指令的功能十分相似，主控指令 MC 相当于子程序调用指令 CALL，主控程序段相当于子程序段，主控返回指令 MCR 相当于子程序返回指令 SRET。

但是，它们在程序结构上是有区别的。主控程序段编制在用户程序的主程序区，而子程序被编制在用户的副程序区。它们的执行过程也有不同，主控程序是在主程序区进行程序转移执行，而子程序是一种断点程序转移执行。因此，子程序调用比主控指令扫描时间要短。目前，在程序编制上，主控指令 MC 已较少被程序设计人员所应用。

No.122 在主控程序段中，我用了 SET 指令。如果在下一个扫描周期时，主控程序的驱动条件断开，那原来的 SET 指令还有效吗？

在主控程序段中，如果使用了 SET 指令置位软元件。那么当主控指令驱动条件断开后，SET 指令所置位软元件仍然有效，直到用 RST 指令使其复位为止。

No.123 三菱 PLC 的主控指令里面可以用双线圈吗？比如在 N0 里有 Y0，在 N1 里也有 Y0，N0 和 N1 是并列的，不是相互嵌套的，这样用可以吗？

在并列的主控程序中，也不可以有双线圈。因为程序会顺序扫描下去，扫描到 N1 时，会用新的 Y0 状态代替在 N0 中 Y0 的状态，仍然为双线圈。

No. 124 李老师，您好，我正在学习电路块指令 ANB、ORB，我始终掌握不了这两个指令的用法，您能给讲解一下吗？

电路块指令（ANB、ORB）主要应用在指令语句表程序中。

当把梯形图程序转换成指令语句表程序时，才用到电路块指令。掌握电路块指令应用的重点在于对并联电路块和串联电路块的理解上，只有搞清楚梯形图上哪些是并联电路块、哪些是串联电路块，才能在指令语句表程序的适当位置上添加 ORB 指令和 ANB 指令。

No. 125 在应用编程软件编辑梯形图时，是不是可以不学习电路块指令和堆栈指令？

电路块指令（ANB、ORB）和堆栈指令（MPS、MRD、MPP）是为解决梯形图程序的正确转换而出现的，其主要应用在指令语句表程序中。而在梯形图程序中，这些指令没有任何的触点、符号表示。当使用编程软件把梯形图程序下载到 PLC 中时，编程软件首先把梯形图程序转换成指令语句表程序，然后下载到 PLC 中去。在转换过程中，编程软件会根据不同的梯形图结构在指令语句表程序的适当位置上自动添加电路块指令和堆栈指令。

所以，对电路块指令、堆栈指令的理解和应用不熟悉也不要紧，它不会妨碍我们对 PLC 的学习和提高。

No. 126 为什么我在梯形图上输不进去 MPS 指令？

MPS 是堆栈指令，它是专为指令语句表程序而开发的，在梯

形图上没有任何触点和符号表示，而是在梯形图转换成指令语句表程序时才在适当位置上添加的，所以你在梯形图上是输不进去的。

No.127 堆栈指令的含义是什么？为什么叫堆栈指令？

堆栈就是货仓，这是计算机技术中借用的一个名词。具体到PLC来说，堆栈就是在PLC中的一个特定存储区，用来存储某些中间运算结果和存放程序断点及数据等。

堆栈指令MPS、MRD、MPP是专为带有分支的梯形图而设计的。凡是产生分支的地方相当是一个数据，把这个数据传送到某特定存储区，然后对它进行操作，如果分支较多，就会有多个数据送到特定存储区，形成一个存储区域，类似于货栈，所以叫作堆栈指令。

No.128 GX-Developer编写PLC程序时，如何删除ORB指令？

ORB是电路块指令，它是在梯形图转换成指令语句表程序时自动添加的。如果删除它，必须改变梯形图的结构。

No.129 请教李老师，为什么下面程序中的D0的值一直在变化？不是应该每接通一次X0，它就加1次吗？

对于加一指令 INC 来说，它是连续执行型，在程序中，这种指令会每一个扫描周期执行一次。也就是说，每一个扫描周期它都会进行加一操作，所以 D0 的值随着不断地加 1 而变化，直到 X0 断开为止。

如果使 X0 每接通一次指令就操作一次加一，可采用 X0 的边沿检测指令 LDP X0 或者采用脉冲执行型 INCP 功能指令实现。

No.130 {= D89 K63550}---------(M89) 这一步不懂，为什么我输入不了？

D89 K63550 是触点比较指令，在指令的比较操作数中，K63550 已经超过 16 位指令所表示的范围 K32767，所以你必须用 32 位比较指令 D = D89 K63550 才能输入，这时（D90 D89）与 K63550 进行比较。

No.131 请问三菱 PLC{D<=D150 H0}是什么意思？

[D<=D150 H0]是触点比较指令，前面带 D 表示该指令是 32 位的触点比较指令，比较（D151，D150）的值是否小于等于 H0，如果满足该条件则触点接通，如果不满足该条件则触点断开。

No.132 请问{< K1000 C235}------------------(Y0)，当 C235 计数器的当前值大于 K1000 时就输出 Y0，但是为什么测试时没有输出 Y0 呢？这么写行吗？

你的指令就错了，不能输入到梯形图，更不可能进行测试了。

C235 是 32 位计数器，应用触点比较指令必须是 32 位。指令应该是（D<K1000　C235），测试 Y0 有输出。

No.133
我看到有个程序里有这个指令：D>=，这个比指令 CMP 要好用，这台机器是 FX3U 系列的，但是想请问 FX1S、FX1N、FX2N 这些机型里面有这条指令吗？

D>= 是触点比较指令助记符，FX1S、FX1N 和 FX2N 机型都有这条指令。

No.134
触点比较指令怎么看比较数和被比较数？｛<D0 K20｝　D0 数值为 K10 时是否导通？

在触点比较指令中，比较符是指第一个比较数 D0 与第二个操作数 K20 的比较，例如，【<D0 K20】的比较结果是(D0)<K20 吗？如果(D0)<K20，则触点导通，因此当 D0 的数值为 K10 时触点导通；【< K20 D0】的比较结果是 K20<(D0)吗？如果 K20<(D0)则触点导通，这时 D0 的值大于 K20 时触点才导通。

No.135
如何理解 MOV 指令是一个读写操作指令？

MOV 指令是一个传送指令，其读写含义是对传送过程的理解不同而得到的。当把一个已知数值传送到数据寄存器时，可以认为是对数据寄存器的写入，例如，MOV D0 D2 就可以理解为把 D0 写入到 D2。反之，如果希望知道某一个数据寄存器 D0 是多少，先把它传送到另一个数据寄存器 D2，再去看这个数据寄存器 D2 就知道 D0 的数是多少，这就可以理解为读出，这样 MOV D0 D2 就可以理解为读出 D0 的数到 D2。

*No.*136　老师，我不太理解传送指令 MOV K85　K2Y0 的执行含义。

在计算机中，K85 是以带符号的二进制数出现的，即 K85 = 0000 0000 0101 0101。K2Y0 为组合位元件 Y7～Y0，指令 MOV K85 K2Y0 就是把 K85 的二进制数的低 8 位 0101 0101 的状态传送到输出 Y7～Y0。如二进制位为 1，则对应的输出导通，为 0 则断开，这样，指令执行的结果是输出 Y0、Y2、Y4、Y6 通道，而 Y1、Y3、Y5、Y7 则断开，这样，通过传送不同的十进制值可以控制输出 Y15～Y0 的通断。

*No.*137　CML　D0　K1Y0，该指令中，源址 D0 为 16 位，而终址 K1Y0 仅 4 位位元件，传送时，仅把 D0 的最低 4 位求反后传送至（Y3～Y0），如 D10 = H1234，则 K1Y0 = 1011，我弄不懂是什么意思。

取反传送指令 CML 碰到源址和终址的二进制位不对称时，它规定：

1）如果终址的位数少于源址的位数，则仅把源址的低位（和终址相对应）求反传送至终址。如例中，K1Y0 为 4 位，而 D0 为 16 位，则将 D0 的低 4 位求反后传送至 Y3～Y0。

2）如果终址的位数多于源址的位数，则把源址求反后传送至终址相应的低位中，而终址其余的高位则一律补齐为 1。例如：
CML　K1Y0　D0，如 K1Y0 = 1011，则 D0 = HFFF4。

No.138　为什么程序里有的是 BCD 加，有的是二进制加？还有就是带符号和不带符号又是什么意思？例如十进制的数用什么加呢？

BCD 加为 8421 BCD 码十进制数相加，三菱 FX 系列 PLC 没有这种加法指令。如要进行 BCD 加法，则先要把 BCD 码表示的十进制数转换成二进制数（BIN 指令），然后进行二进制数相加。（ADD 指令），加的结果再转换成 BCD 码十进制数（BCD 指令）。

不带符号数为纯二进制数，其只能表示正整数和 0。带符号数又称 BIN 数，可以表示正负整数和 0。

在三菱 FX 系列 PLC 中，十进制数加法均采用带符号数的加法。

No.139　当对 16 位的四个数求和时，结果小于16 位是完全正确的，可结果大于 16 位就计算不对了，该怎么办？

如果你对 16 位的四个数求和时所用的是 16 位指令，若结果16 位数的范围超出 −32768 ~ 32767，则会出错，这时，可应用 32位指令求和。但必须注意，如果用 32 位指令求和，则参与求和数的存储方式也应为 32 位。

*No.*140 功能指令的操作数有什么规律吗?

功能指令的操作数没有什么规律。操作数可以有 0~5 个不等,但总体来说可以把操作数分成源址 (源操作数)、终址 (目的操作数) 和其他操作数 (是功能的补充说明) 三大类。弄清楚它们之间的关系,对功能指令的理解会更深刻一些。

SFC 程序设计篇

No.1 **SFC 是什么?**

SFC 是顺序功能图（Sequential Function Chart）英文名称的缩写，又称状态转移图或功能表图，它是用图形来描述控制系统的控制流程和控制功能的编程语言。由于其简单、通俗，很容易被初学者所接受，SFC 已被国际电工委员会（IEC）确定为居首位的编程语言。用 SFC 编制的程序称为 SFC 程序。

SFC 语言的缺点是，目前仅仅作为组织编程的工具使用，不能下载到 PLC 中为 PLC 所执行。因此，还需要把 SFC 程序转换成梯形图程序或其他 PLC 可执行的程序。在这方面，三菱 PLC 开发的步进指令 STL 是最好的 SFC 程序设计。

No.2 **SFC 语言的最主要的规则有哪些?**

SFC 语言的最主要的规则有三条：

1）一个 SFC 程序流程必须有一个初始状态，它必须位于 SFC 程序的最前面。

2）状态和状态之间不能直接相连，必须用转移条件将它们隔开。

3）转移条件和转移条件之间不能直接相连，必须用状态把它们隔开。

*No.*3 李老师，您说过 SFC 编程语言仅仅是一种工具，不能为 PLC 所执行，那为什么 SFC 块图却可以直接下载到 PLC 中去执行？

SFC 块图是三菱 FX PLC 根据 SFC 语言开发的一款图形程序编辑软件，在开发的时候就已经在系统软件中开发了自动把 SFC 块图转换成 STL 指令步进梯形图程序的编译程序（包括数据资料），表面上看是 SFC 块图直接下载到 PLC 中去，实际上下载的仍然是 STL 指令步进梯形图程序。

*No.*4 李老师，SFC、STL 步进梯形图和 SFC 块图这三者的区别和联系是什么？

对这几个概念，初学者经常似懂非懂，没有弄清它们之间的异同，而且业界目前对这些名词术语也没有统一说明，我这里只能就自己的理解做一些说明，本书及本人编写的书中也都采用这样说明。

SFC 是指国际电工委员会（IEC）所规定的编程语言代名词，它的内容包括对 SFC 的相关语言的名词术语编制规定、要求、说明等。

STL 步进梯形图是指由三菱开发的步进指令 STL 及其编制的 SFC 程序梯形图，它是 SFC 语言在三菱 FX PLC 的具体实施，通常也把 STL 步进梯形图称之为 STL 指令或简称为 SFC 程序。STL 指令、SFC 程序除了完全遵守 SFC 语言的规则外，自身还有一整套梯形图编写的方法和规则，程序编制十分直观、有序，初学者易于学习理解，易于实际应用，是目前 PLC 中实现 SFC 语言的编程设计的最好、最具有特色的 SFC 程序。

SFC 块图是三菱 FX PLC 在编程软件 GX Developer 和 GX Works2 上根据 SFC 语言所规定的各种规则所设计的一款图形编辑软件，它的图形和流程与 SFC 语言所要求的完全一样，非常直观、清晰。用户可以直接设计 STL 指令步进梯形图程序，也可以设计 SFC 块图程序，而且 STL 指令步进梯形图程序和 SFC 块图程序在编辑软件上可以互为转换。

对于一个顺序控制程序（SFC），可以先根据控制要求画出顺序功能图，然后既可以用 STL 指令步进梯形图程序完成 SFC 的设计，也可以用 SFC 块图程序完成 SFC 的设计，这就是它们三者之间的区别和联系。

$No.5$ 在学习一些 SFC 资料时，发现在转移连线上有两个甚至更多的转移条件符号，这时应该如何编辑？

仅在 SFC 功能图上才会出现多个转移条件符号，这些符号实际上表示了它们的逻辑关系，编辑时只需按这些逻辑关系进行梯形图编程即可，如下表所示。

转 移 条 件	图形符号标注	逻辑代数表达式标注	对应梯形图
常开	$\dashv\vdash$ X1	$\dashv\vdash$ X1	X1 ─┤├─
常闭	$\dashv\vdash$ $\overline{X1}$	$\dashv\vdash$ $\overline{X1}$	X1 ─┤/├─
与	$\dashv\vdash$ X2 ⎵ X3	$\dashv\vdash$ X2·X3	X2 X3 ─┤├─┤├─

（续）

转 移 条 件	图形符号标注	逻辑代数表达式标注	对应梯形图
或	X2 ┤ ├ X3	┤ X2+X3	X2 / X3
组合	X2 X3 ┤ ├ $\overline{X2}$ $\overline{X4}$	┤ (X2·X3)+($\overline{X2}$·X4)	X2 X3 / $\overline{X2}$ X4

No.6   在 SFC 块图中，分支后的各个程序流程最后一定有汇合吗？

　　SFC 语言规定，凡有分支的流程，仅当多个分支流程都向一个分支流程转移时，才产生汇合。因此，分支流程可以有汇合，也可以没有汇合。

No.7   什么是空状态？有什么意义？

　　空状态是指状态中没有任何命令和动作的状态，仅存在转移条件与转移方向。空状态的作用是人为地对状态之间转移不符合规则时所加的隔离措施。使用状态之间转移符合 SFC 语言规则空状态的编号可以任意选取。

No.8   在三菱 FX PLC 中，是不是一定要用 STL 指令编写步进梯形图程序？没有其他方法编写步进梯形图程序吗？

　　实现 SFC 语言的编程不是只有 STL 指令步进梯形图程序这一

种方法，也可用其他方法进行编写，有兴趣的读者可以参看拙著《三菱 FX3U PLC 应用基础与编程入门》一书 6.1.4 节 SFC 的梯形图编程方法，这里不再详述。

No.9 听说三菱 PLC 有个步进指令 STL，请问这个指令是如何控制步进电动机运行的？

哦！很可能你听错了或理解错了。STL 是三菱 PLC 为顺序控制梯形图程序（SFC）专门开发的一个功能指令，又叫步进指令。这里步进的含义是 SFC 程序的一个状态步的表示，一步一进、一步一个状态。所以它与步进电动机没有任何关系，更不存在如何控制步进电动机的运行。

No.10 在步进顺控程序中，状态元件一定要用 S 吗？

三菱 FX PLC 的步进指令 STL 是与状态软元件 S 一起使用的，组成一个常开的 STL 触点，所以在步进顺控程序中，状态元件一定要用 S。

No.11 编制步进梯形图时，初始状态一定要用 S0 吗？如果有两个步进梯形图程序时，初始状态怎么办？

每一个 SFC 控制系统必须以初始状态开始，以 RET 指令结束。

FX PLC 规定初始状态使用状态元件为 S0~S9，共 10 个。初始状态的状态元件只能从 S0~S9 中选取一个，不一定非用 S0。一个梯形图程序最多包含 10 个 SFC 控制程序，初始状态的状态元件不能重复使用，也就是不可以有两个 S0。

No.12 老师，我在学习 SFC 时，发现步进状态总是从 S0 直接到 S20，不能直接到其他状态吗？

S0 是初始状态元件，其下一个状态元件编址没有规定，可以在状态元件中任意选取例如 S0 直接到 S100。但如果程序中使用了方便指令 IST，则不能使用 S10～S19，这 10 个状态元件已经为 IST 指令使用。

No.13 编制 SFC 程序时，是不是其他状态元件的编址一定要按顺序编写，例如从 S20-S21-S22 等？

在编制 SFC 程序时，状态元件的编址可以按顺序选用，也可不按顺序选用，例如 S0-S20-S21-S22…，也可以是 S0-S100-S20-S51-S203…等。总的原则是一个状态元件不能在梯形图程序中出现两次。

No.14 我想在 S20 里驱动输出 Y0，并一直保持输出到 S25 才停止输出并复位，梯形图程序怎么编？

SFC 程序状态内的动作分为保持型和非保持型两种。你说的是保持型输出动作，必须在 S20 状态用 SET Y0 指令置位输出。这样在以后的状态中，Y0 一直保持输出，而在 S25 状态用 RST Y0 指令复位停止 Y0 的输出。如果有 OUT Y0 指令，仅能在当前状态中保持输出，步进到下一个状态时，Y0 输出会自动关断，这就叫非保持型输出。

No.15 有人说，在 SFC 程序内不存在双线圈问题，是这样吗？

由于步进梯形图工作过程中只有一个状态被激活，因此，可以在不同的状态中使用同样的输出线圈，这就是在 SFC 程序中不存在双线圈问题。但是必须注意，同一编号的输出线圈不能在一个状态里出现，这样还是双线圈问题。

No.16 我在 S20 里用了定时器 T1，在 S21 中也用了 T1，有人说不可以，为什么？不是 SFC 程序不存在双线圈问题吗？

SFC 程序在程序转移时，相邻两个状态会在一个扫描周期内同时接通。如果两个相邻状态下使用同一编号的定时器，则在状态转移时定时器线圈不能断开，使定时器不能复位而发生错误，但是在不是两个相邻的状态内可以使用同一编号的定时器。

No.17 在运行 STL 梯形图程序时，碰到突然停电，我想在上电后继续上次的运行，程序中应该怎么处理？

如果断电后，再上电时希望继续断电前的状态运行，则所有状态元件必须采用停电保持型元件 S。FX PLC 型号不同，停电保持型的 S 也不同，如下所示。

FX1S   S20~S127

FX1N   S10~S127

FX2N   S500 ~ S899

FX3N   S500 ~ S4095

No.18   在 SFC 程序中，没有初始状态行不行？为什么？

在 SFC 程序中，没有初始状态是不行的。这是因为当一个程序中有多个独立的 SFC 系统程序时，就是靠初始状态来区别多个独立的 SFC 程序块的，所以，不能没有初始状态。

No.19   在一个梯形图程序中，有两个独立的 SFC 程序，如果我在一个 SFC 中使用了状态元件 S100，那么在另一个独立的 SFC 程序中，还可以再使用 S100 吗？

不可以，任何状态元件在梯形图程序中只能使用一次。在一个 SFC 程序中使用了 S100，另一个 SFC 程序就不能再使用 S100。

No.20   老师，我经常碰到这样的情况，一个状态中命令或动作执行后，不存在转移条件，这时候不知道怎么能转移到下一个状态，程序应如何编写？

在编写 SFC 程序时，的确会出现你所讲的这种情况，我一般采取的处理方式是根据控制要求驱动一个定时器，利用定时器的常开触点进行转移。当然，在对响应要求不高的时候才这样做。

*No.*21 进行状态方向转移时，我发现有时用 **SET S21** 有时又用 **OUT S0**，请问老师，**SET** 和 **OUT** 用于状态转移有什么不同？

STL 指令步进梯形图对转移方向既可以使用 SET 指令，也可以用 OUT 指令，它们具有相同的功能。在使用上，SET 指令主要用于直接相连状态的转移。OUT 指令主要用于非直接相连状态的转移，例如跳转、循环、分离等。但是在实际使用时，凡是能用 OUT 指令进行转移的地方都可以用 SET 指令进行方向转移。

*No.*22 李老师，是不是 **SFC** 程序一定要用 **SFC** 块图编写，然后再转换成梯形图程序？能不能直接编写 **STL** 指令步进梯形图程序？

根据 SFC 功能图，可以用 SFC 块图来编辑梯形图程序，但也可以直接根据 SFC 功能图编写 STL 指令步进梯形图程序，并不一定要先编写 SFC 块图再转移成 STL 指令步进梯形图程序。

*No.*23 **RET** 指令为步进返回指令，它返回到哪里？是不是一个 **STL** 指令步进梯形图程序只有一个 **RET** 指令？

RET 一般为 SFC 程序流程结束指令，为 SFC 块程序的最后一个指令，它返回到 RET 指令下面的梯形图程序。当 STL 指令步进梯形图程序中有多个 SFC 程序流程时，则每一个 SFC 块的最后都必须编写 RET 指令。

*No.*24 请问老师，STL 指令到底起到什么样的功能？

STL 指令是三菱 FX PLC 一个应用于 SFC 程序的功能指令，它的操作数是一个状态元件，在程序中它与主母线直接相连。例如 STL25 在程序中出现，表示它前面的一个状态（由程序决定）被关闭，而 S25 状态被激活，它下面的梯形图程序被执行，直到出现下一个 STL 指令。

*No.*25 有两个并行性分支，每个分支的最后都是碰到一个开关动作后，才能转到并行汇合的下一个状态，但是在 SFC 语言的规则中，并行分支最后不能有转移条件，这时候，应如何处理才对？

如果在并行分支后出现转移条件，有两种处理方法：一种是把并行分支出现的转移条件与汇合的转移条件进行逻辑"与"作为整体转移条件进行汇合转移转入下一状态；二是在并行分支的最后加入空状态，以空状态的 STL 指令作为转移条件转入下一状态。

*No.*26 步进顺序控制中能不能有双线圈输出？比如 S0 有输出 Y0，然后在 S3 中的时候也有输出 Y0。

在 SFC 中，同一个流程中可以有双线圈输出，但两个相邻的状态中不可以有双线圈输出。

不同的流程中，也可以有双线圈输出。但在 SFC 中，双线圈是指用 OUT 指令驱动的输出。

*No.*27　我想问一下，STL 步进指令 SFC 程序，是不是当 S20 执行完到 S21 时，S20 控制的状态就会自动断开呢？

是，当 S20 执行完到 S21 时，S20 控制的状态就会自动断开。

*No.*28　SFC 的驱动输出有时用 SET Y0 有时是用 OUT Y0 输出，这两者之间有什么区别吗？

在状态中，用 SET 输出为保持型输出，若发生状态转移，输出仍然保持为 ON，直到使用 RST 指令复位。用 OUT 输出为非保持型输出，一旦发生状态转移，输出马上关闭。

*No.*29　老师，TRAN 是什么指令？我到处都找不到这个指令的说明。

TRAN 不是指令。在 SFC 块图编辑中转移条件梯形图的编辑是用 TRAN 代替 SET 来进行编辑的。例如，LD X0　SET S20，在 SFC 块图编辑中变成 LD X0 TRAN。至于具体的转移方向是由编程软件自动完成的。

*No.*30　我知道所有的 SFC 块图都能转换成 STL 指令步进梯形图，但是不是所有的 STL 步进指令梯形图都能转换成 SFC 块图？

不是所有的 STL 指令步进梯形图都能转换成 SFC 块图的。如果 STL 指令步进梯形图的编辑出现不符合 SFC 块图的规则（但是符合 STL 指令步进梯形图的规则）就不能转换成 SFC 块图。

No.31 老师，我在编写 SFC 时，初始状态 S0 里没有任何动作，SFC 块图上总是有一个问号，怎么才能取消这个问号？

一个 SFC 程序的初始状态（其他状态也一样）可以有命令和动作，也可以没有命令和动作。当没有命令和动作时，SFC 块图上会出现一个问号。这个问号并不影响块图的转换，是一种常态表示，所以没有必要也没有办法去掉这个问号。

No.32 在 SFC 块图上，当状态转移产生分支时，分支的数目有规定吗？

当状态转移产生分支（选择性分支、并行性分支或分离状态分支）时，SFC 程序规定，一个初始状态下的分支不得多于 8 个，如果在分支中又产生新的分支，则每个初始状态下的分支总和不得多于 16 个。

No.33 李老师，为什么下面的 SFC 程序总是不能转换？那应该怎么编才行？

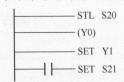

SFC 程序对状态内命令和动作有一定的编程规定，对于输出没有触点驱动的，只能是第一个输出与母线相连，第二个及以后的只能按下图方式编辑梯形图程序。

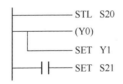

No.34 在 SFC 块图上，如果有了分支而不存在分支汇合的情况，应如何进行 SFC 块图的编辑？

有分支没有汇合的情况，一般称之为跳转、分离、重负和循环。这时，在 SFC 块图上用跳转图标 ⌐FB 指示转移到状态元件，如下图所示。

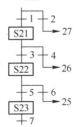

No.35 李老师，我选择了 SFC 程序设计，可是当转到 SFC 块图主页面时，为什么很多关于 SFC 块图的图标是灰色的？而不是全部是亮的？

编程软件上图标显示分为亮色和灰色两种，它们的含义是在打开的图形界面上，亮的可以用，而灰的不能用。当你打开 SFC 块图编程主页面时，并不是所有 SFC 图标均为亮色，如是灰色则表示在当前界面上，灰色图标不能用，随着界面的转换，图标的亮、灰色会有所不同。

---

*No.*36　当我编辑如下图所示的并行性汇合分支向选择性分支转移时，总是不能进行转换，到底错在哪里？怎么纠正？

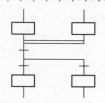

当从并行汇合直接转移至选择性分支时，按图中所示的转移条件不符合 SFC 的规则。解决的方法是在并行汇合分支和选择性分支之间加入空状态，如下图所示。

空状态

---

*No.*37　进行 SFC 块图编辑时，是不是一定要按照编一个图形（状态或转移）输入相应的内置梯形图并进行转换，再编一个图形这样的顺序进行？

对于 SFC 块图的编辑，你讲的是一种普遍采用的方法。但也可以采用先把 SFC 块图的图形全部画好，然后从头开始由上到下、

从左至右编写各个状态的转移条件、梯形图和状态内置梯形图。

No.38　老师，SFC 块图不是专门用来进行 SFC 块图编辑吗？为什么还有什么梯形图块，它与 SFC 块是什么关系？

在一个梯形图程序中，既有普通的梯形图程序，也有 STL 指令步进梯形图程序，这两种程序是互相独立编写的。在 SFC 块图的编辑中，这两种程序都可以编写，把普通的梯形图程序称作梯形图块，把 STL 指令步进梯形图程序称作 SFC 块。梯形图既是独立的程序，也可以是与 SFC 块相关的程序。

No.39　在 SFC 块图中，转移条件的编号是自动出现的，它有什么规律吗？

在 SFC 块图中转移条件的编写是从零开始顺序主动出现的，它的规律是连着你所编辑的状态框的顺序而顺序出现。例如，在分支程序中，你可以从左到右、自上而下编辑状态框，你也可以一个分支流程、一个分支流程编辑状态框，凡先出的状态框转移编号在前，后出现的在后。

No.40　为什么下图中，我转移到自身的状态 S21，用 SET S21 和 OUT S21 程序都显示出错？那应该如何转移呢？

根据图中所示，你的这种自复位转移应用 RST 指令，即 RST S21 试试。

No.41 什么叫 SFC 程序的整体转换？如何进行整体转换？

在 SFC 程序的编辑中，当现有梯形图块和 SFC 块编辑完成并进行梯形图转换后，还需要进行一次整体转换，整体转换的含义是把这些梯形图块和 SFC 块串接在一起，形成一个完整的 STL 指令步进梯形图。如果梯形图块和 SFC 块编辑完成但并未进行整体转换，那你一旦离开 SFC 块图界面，则编辑完成的所有内容会前功尽弃，付之流水。

整体转换的操作很简单，按下功能键 F4 或单击"程序批量转换"图标即可。

No.42 在 SFC 块图的编辑中，经常出现"SFC 符号输入"对话框，这个对话框好像很复杂，什么都有，老师，请讲解一下这个对话框的操作好吗？

在 SFC 块图的编辑中，"SFC 符号输入"对话框是一个综合性的对话框，它包括状态、转移和跳转的编辑，三种情况的操作说明如下：

1. 状态框操作

状态框操作对话框如下图所示。

图标号"STEP"表示对状态框进行编号，要求编号与状态框所用

状态元件编号相同。现为初始状态 S0，则其编号为 0（注意，不是 S0）。

2. 转移框操作

转移操作对话框如下图所示。

图标号 "TR" 表示对转移条件进行编号。转移条件不能像 SFC 功能图上一样，在横线边上标注 "X0" 等符号，软件会按顺序自动编号为 "0，1，2…" 等，"0" 表示第 0 个转移条件。

3. 跳转框操作

跳转操作对话框如下图所示。

图标号【JUMP】表示跳转，其编号应填入跳转转移到所在状态的编号。这里跳转到初始状态 S0，其编号为 "0"，则填入 "0"，不是 "S0"。

*No.*43 一打开 SFC 块图界面，就出现一张块列表，这个块列表是干什么用的？

SFC 块列表是 SFC 块图编辑总的说明，从中可以看到整个 SFC 块图程序有几个梯形图块和几个 SFC 块，程序有多个 SFC 块时，每个块的标题和各个块是否已经转换，0 则表示每个块在 SFC 块图中的顺序。

SFC 块列表的优点是可以了解 SFC 块图程序的结构，还可以直接打开任一块进行查看。

No.44 老师，在 SFC 块图中，如何区别梯形图块和 SFC 块的界面？

打开梯形图块和 SFC 块界面，界面上都会分成左右两个区域，在左边区域里，标志有 LD 的为梯形图块，而标志着初始状态方框的为 SFC 块。

No.45 M8040 是什么继电器？请老师讲解下，它用在哪里？

M8040 为 SFC 程序的禁止转移继电器，它的功能是当 M8040 为 ON 时，禁止在所有状态之间发生转移，但当前被激活的状态仍然继续运行，所有的运行结果自然得到执行。利用 M8040 的这个特性，可以对 SFC 程序进行单步调试。

No.46 SFC 程序的调试分为哪几种调试？

SFC 程序调试分为单步调试、单周期调试和 SFC 程序调试。其中单步调试是最基本的调试，是所有调试中首先进行的调试。

No.47 如何进行 SFC 程序的单步调试？

下面分三点说明 SFC 程序的单步调试方法及内容：

1）先在 SFC 程序最前面添加利用 M8040 进行调试的梯形图程序，如下图所示。

X0 为自锁按钮，按下为禁止转移，松开后为状态转移。

2）先将 SFC 程序在编程软件上进行仿真调试，利用仿真软件上的软元件强制功能，对各种驱动条件和转移条件进行强制 ON 和 OFF，然后观察各个状态的顺序动作是否符合要求。仿真调试优点是，不需要连接现场就可以发现程序设计的错误；缺点是调试十分复杂，而对现场工况则不能进行调试。所以一般情况下，如果设备完整，现场条件具备的情况下，都不需要仿真调试，直接进入现场进行单步调试。

3）现场单步调试主要调试两个内容，一是各种开关是否良好（安装、接线、灵敏度等），二是每个状态的驱动输出是否能够完成控制要求的动作和顺序。调试时，为防止意外必须在无加工元件的情况下进行。某些开关的动作主要用手动进行，调试的方法就是每按下、松开调试按钮一次，就进行一个状态内的调试，这样就可以一步一个状态把所有状态调试完毕。

如果 SFC 程序中有分支和转移，则每一个分支的每一个状态都要进行单步调试，每个转移条件也要进行单步调试。当程序中有多个 SFC 程序流程时，每一个 SFC 程序流程的每一个状态都要进行调试，仅当单步调试都显示正确后，才能进行单周期调试。

No.48　老师，IST 指令的功能是什么？我看了半天手册，也不知道它的具体功能和用在什么地方。

IST 指令是一个综合性的外部设备控制的方便指令。当一个 SFC 程序含有原点回归、手动、单步运行、单周期运行和自动运行五种工作方式时，如何对这五种工作方式激活和它们之间的任意转换及程序的融合是一个编程的难点，IST 指令就是为这个编辑难点而开发的。

IST 指令是一个宏指令，也就是说，执行这个指令必须满足指令所要求的外部接线规定、操作面板设置、内部软元件应用规定和程序设计规定，IST 指令才能变成所代表的多工作方式控制功能。IST 指令的功能就是它和 STL 指令步进程序相结合，用户只需要设置其中三种工作方式的单独 SFC 程序，而不必考虑这些程序的激活和多种方式之间的切换及融合。这样简化了设计工作，节省了大量的时间。

No.49 IST 指令对外部接线是不是一定要从 X10 开始规定？

IST 指令的外部接线从哪里开始，由其操作数决定，当 IST 指令的操作数 S 指定为 X10 时，就从 X10 开始占用连续八个点，所以不一定要从 X10 开始。IST 指令的外部按键的规则是：

1）按指定的原操作数 S10 为起点地址的连续八个点被占用，不准用于其他地方。

2）这八个端口地址的开关功能也被确定，不能随意变动。梯形图程序必须按照所分配的地址编程。

3）操作面板必须按 IST 指令所推荐的控制面板设置。

No.50 IST 指令对内部编程软元件使用有哪些规定？

IST 指令内部编程对于状态元件的使用必须符合下列要求：

1）S0、S1、S2 规定了为手动、原点回归和自动三种方式 SFC 对应的初始状态元件，不能为其他流程所用。

2）在原点回归的 SFC 中，状态元件只能使用 S10 ~ S19，而

S10~S19 也不能为其他流程 SFC 所用。

    3）S20 以后的状态元件，由 IST 指令的终址 D1 和 D2 确定自动方式的 SFC 的最小编号和最大编号状态元件。

*No.*51　应用 IST 指令的最大优点是什么?

    应用 IST 指令的最大优点是使用 IST 指令用于多种方式的 SFC 程序控制系统时，各种工作方式的激活转化都是由指令自动完成的，因此用户只要按规则专心编写手动程序、原点回归程序和自动程序即可。

*No.*52　在 IST 指令中，M8043 的作用是什么? 应如何使用呢?

    M8043 是原点回归结束后置位的特殊辅助继电器，由用户完成置位动作，然后利用其触点对原点回归 SFC 程序最后一个状态进行自复位。如果在某些控制中不需要原点回归方式，不设置原点回归程序，这时必须在手动和自动运行前设计将 M8043 置 ON 一次的程序，仅在 M8043 置 ON 一次后，在设备运行过程中才可以随意在各种工作方式之间进行切换。

*No.*53　IST 指令应用有五种工作方式，如果我并不需要原点回归和手动操作这两种工作方式，程序应该怎么处理?

    如果在实际生产中并不需要手动操作和原点回归方式，则可将不需要的工作方式相应端口断开，但是这些输入端口已被 IST 指令占用，不能再做其他作用，操作面板上也可以不再表示这些工作方式。

_No_.54 IST 指令对外部端口的使用规定一定要 **8** 个连续编址的端口，请问能不能使用 **8** 个不连续编址的端口？

　　如果在实际设计中没有可供连续编址的 8 个端口，也可以使用不连续的任意 8 个端口的地址，这时应把 IST 指令的源址 S 指定为辅助继电器 M（如 M0~M7），并在公用程序中用相应的不连续的端口地址分别输入去驱动相应的辅助继电器 M。相应的梯形图及端口接线图如下图所示。

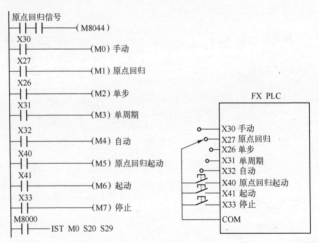

_No_.55 老师，IST 指令对 SFC 程序的顺序有要求吗？如果有，要求是什么？

　　IST 指令对 SFC 程序有如下要求。

　　1）IST 指令用 M8000 进行驱动，如用其他条件驱动，则指定驱动后不能随意断开，否则其后 SFC 程序会发生错误。

2) IST 指令必须置于 SFC 程序前面。

3) IST 指令后面的 SFC 程序必须按照手动程序、原点回归程序和自动程序的顺序进行叠加，如下图所示。

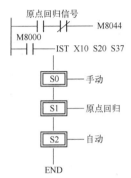

*No.*56 我有三台设备，想用一台 **PLC** 控制，在程序中用两个 **IST** 指令对两台设备分别进行相应的工作方式控制，可以吗?

不可以，IST 指令在一个梯形图程序中只能使用一次。

编程软件
GX Developer 篇

No.1 三菱 PLC 有哪些编程软件可以使用？

三菱 PLC 的计算机编程软件有 SWOPC-FXGP/WIN-C、GX Developer 和 GX-Work2 三种编程软件。

SWOPC-FXGP/WIN-C 是三菱公司早期专门为 FX 系列 PLC 开发的编程软件，在 GX Developer 编程软件未推出之前，是在 FX 系列 PLC 上广泛应用的编程软件。该软件目前已不再使用。

GX Developer 是三菱 PLC 的新版编程软件，它能够进行 FX、Q、QnA、A 系列（包括运动控制 CPU）PLC 的梯形图、指令表和 SFC 等编程。GX Developer 编程软件已取代 SWOPC-FXGP/WIN-C 编程软件。

GX Works2 是三菱公司推出的新一代 PLC 控制集成软件，具有简单工程（Simple Project）和结构化工程（Structured Project）两种编程方式，适用于 Q、QnU、L、FX 等系列 PLC，兼容 GX Developer 软件，支持三菱公司工控产品 iQ Platform 综合管理软件 iQ Works，具有系统标签功能，可实现 PLC 数据与人机界面 HMI、运动控制器的数据共享。GX Works2 有取代 GX Developer 编程软件的趋势。

No.2 三菱编程软件 GX Developer 打开工程时提示"工程初始化失败",要怎么解决?

出现"工程初始化失败"的错误提示时,需要先将三菱编程软件卸载干净,删除注册表,然后再重新安装软件。删除注册表的方法是:

1)单击"开始"按钮。

2)选择"运行",再输入 regedit,单击"确定"按钮,打开注册表。

3)单击 HKEY_LOCAL-MACHINE 前面的加号,在打开的文件夹中找到 SOFTWARE,单击前面的加号,找到 MITSUBISHI,并单击鼠标右键,将该文件夹删除。如果删除了该文件夹还出现该错误提示,那么再打开 HKEY_CURRENT_USER 里面的 SOFTWARE,再找到 MITSUBISHI 删除。如果删除了注册表还无法解决问题,建议重装系统。

No.3 在安装三菱 GX Developer 软件时双击 setup 没有任何反应怎么处理?

安装三菱 GX Developer 软件时,如果双击 setup 之后没有反应,且不会出现该图标,那么可以在 360 安全卫士里面体检修复或加速一下,清理下垃圾,在"任务管理器"的"进程"里将一些占内存的文件结束进程,再重启计算机。如果操作了以上步骤还是没有反应,建议重装系统。

No.4 为什么我安装完了 GX Developer 软件在桌面没有图标，仿真软件也没有图标，是不是没有安装成功?

GX Developer 软件安装完成，快捷图标是不会自动出现在桌面的，可以单击"开始"→"所有程序"→"MELSOFT"命令，找到 GX Developer，再单击鼠标右键，发送到桌面快捷方式，这样桌面就会出现图标了。而仿真软件是没有单独的图标的，它是集成在编程软件里面的，软件里面的"梯形图逻辑测试启动"图标即是开启/关闭仿真。

No.5 别人给我发的程序，我用 GX Developer 软件打开了，但是我不知道他是用什么型号的 PLC 的程序。请问，在编程软件中哪里能够看到吗?

在编程软件的右下角有一条状态栏，状态栏里会显示该程序所用 PLC 的类型，如下图所示。

FX3U(C)	本站

No.6 老师，我打开 GX Developer 软件编程窗口时，怎么不见左侧的"工程栏"?

在程序编辑窗口左边是工程数据列表（又称工程栏），工程栏有显示/隐藏切换操作，可单击菜单"显示"→"工程数据列表"进行切换。

No.7 当把程序保存到计算机中时，"工程名设置"栏应如何填写？

当把程序保存到计算机中时，"工程名设置"各栏目必须填写，"驱动器/路径"项填写你所存的盘符及文件夹的名称；"工程名"项填写你给程序的命名；"索引"项可以不填写。

No.8 创建新工程时，"工程名设置"栏一定要填写吗？

创建新工程时，"工程名设置"栏可以不填写。等到要保存所编辑的梯形图程序或 SFC 图形程序时，则必须要填写"工程名设置"的各栏目。

No.9 "工程栏"中，PLC 参数选项卡中"内存容量设置"卡应如何填写？

"内存容量设置"选项卡参数主要是对 PLC 的存储器容量进行分配设置。其中内存容量是指 PLC 存储器容量的总和。实际应用时，应把这个总容量分配给注释容量、文件寄存器容量、程序容量和其他设定特殊容量，四个容量之和为内存容量。

No.10 "内存容量设置"中有一个"文件寄存器容量"，它是做什么用的？如何设置？

"文件寄存器容量"是用于存储大量的 PLC 应用程序需要用到

的数据专用数据寄存器，例如采集数据、统计计算数据、产品标准数据、数表、多组控制参数等。如果程序中会用到，则必须分配一定的容量。

如何分配存储容量？一般来说，不用就不分配，用到就分配，分配出了问题（容量过小）就进行调整，直到程序运行不出现错误为止。

*No.*11　我想把 M500～M510 设置为非停电保持型继电器，在哪里设置？

在 PLC 参数对话框的"软元件"选项卡中设置。该选项卡主要用来设定软元件的锁存范围，即停电保持软元件的范围。

在辅助继电器 M 栏的"锁存起始"中填入 511。这时，M500～M510 均变为停电不保持继电器。

*No.*12　GX Developer 编程软件有没有这样的功能，在程序中只能使用某一范围里的输入/输出端口的编址？

有这样的功能，在 PLC 参数对话框的"I/O 分配"选项卡中设置。该选项卡主要用来设置在程序中所用到的输入/输出端口的起始/结束编址。

*No.*13　触点比较指令 [＜＝D10 K100] 应该怎么输入？为什么输入不进去？

触点比较指令可以直接在键盘输入 LD＜＝D10 K100 进行输入，

注意 LD 和<=符号之间不需要空格，而<=符号和 D10 之间，以及 D10 和 K100 之间需要空格。还要注意，假如触点比较指令是 32 位指令 [D<=D10 K100]，是直接在键盘输入 LDD<=D10 K100，注意是 LD 后面加 D，而不是像 DMOV 等其他功能指令那样在前面加 D。

No.14 NOP 指令怎么输入梯形图？

NOP 指令为空操作指令，它只能在指令语句表程序上进行添加。这时，把指令语句表程序转换成梯形图程序的步序编址会发生变化。

用 GX Developer 编程软件编写梯形图程序时，NOP 指令不能输入。

No.15 主控命令 MC 这个命令，母线上的常开触点在编程软件中如何输入？

在 GX Developer 编程软件上进行主控指令编辑时先在"写入模式"下编辑。如果编辑完成后单击"读出模式"快捷图标，就会在主控指令 MC 下面的左母线上出现一个标为 N0 XXX 的触点。

No.16 怎么才能把 XCH 指令输入到梯形图中？

如果你不能把 XCH 指令输入到梯形图中，可能你用的是 FX1S 或 FX1N 系列 PLC。

在功能指令中，并不是所有指令任一种类型 PLC 都具有。如果该 PLC 不具有这种功能指令，就不能输入到梯形图中，FX1S 或

FX1N 系列 PLC 就不具有 XCH 指令，所以不能输入到梯形图中。

No.17 如何在梯形图中输入指针 P0？

首先将光标置于转移去的梯形图梯级的母线外侧，然后单击"键盘输入标号"→"Enter"命令。注意：输入指针标号 P0 时，必须退出划线状态。

No.18 FX3U PLC 不是支持小数输入吗？为什么还报错？

FX3U PLC 支持小数直接输入，但前面符号不是 K 是 E。你应该输入 ADD E3.14 D100 D200。

No.19 我读出的一个程序中，发现有下面两行程序，程序中 K0 是什么意思？

对不带分支行的梯级行来说，如果触点数大于 11 个以上或输入指令显示位置不够时，软件会自动进行换行，如上图所示。图

中，上一行"K0 →"为换行源，下一行"K0 →"为换行目标。K0 为换行符，GX Developer 软件会按顺序自动选择换行符K0~K99。

No.20 在编辑梯形图的时候，有一行很长，导致梯形图自动换行，但是同一级的后面还有，怎么办？

在写入（插入）模式下含有分支的梯级行和分支行都不能进行自动换行。但是在写入（修改）模式下，都可以进行自动换行，但必须有足够的换行空间位置，如下图所示。

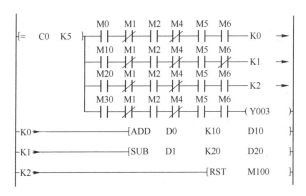

No.21 很多书上都介绍了电路块指令 ANB 和ORB，但我在编辑梯形图时从来都没有输入过这两个指令，是不是这两个指令已经被其他指令代替了？还是什么其他原因？

电路块指令（ANB、ORB）和堆栈指令（MPS、MRD、MPP）主要应用在指令语句表程序中。而在梯形图程序中，这些指令没有任何的触点、符号表示。所以，在梯形图中，不存在这些指令的输入。

No.22　GX-Developer 编写 PLC 程序时，如何删除 ORB 指令？

删除 ORB 指令必须将梯形图程序转换成指令语句表程序，在指令语句表程序中找到适当位置删除 ORB 指令。

必须注意，如果程序正确，删去 ORB 指令，程序会出错。

No.23　FX 系列 PLC 如何设置关键字？如果关键字忘记了怎么办？

关键字的设置操作必须在 PLC 的"STOP"模式下进行。其操作步骤是：单击菜单"在线"→"登录关键字"→"新建登录、改变"，出现"新建登录关键字"对话框。在"关键字输入"区域内输入"关键字"和"第二关键字"。

FX3U PLC 设有两层保护密码，其保密程度比 FX1S/FX1N/FX2N PLC 要高一些。密码为 8 个字符，在数字 0~9 和字符 A~F 中选择，如果你输入的密码不符合要求，软件会自动提示。输入结束，单击"执行"按钮，弹出"关键字确认"对话框，再次输入并单击"确认"按钮，新建关键字设置完毕。

No.24　李老师，能给我们讲一下三种注释编辑的区别吗？

GX Developer 软件有三种注释，分别是注释编辑、声明编辑和注解编辑。

1）注释编辑：这是对梯形图中的触点和输出线圈添加注释。又称软元件注释。软元件注释是随着 PLC 的梯形图程序一起写入到 PLC 中去，因此要占用 PLC 的内存。所以，读者如果希望给软元件加注释，必须先要在"工程栏"→"参数"→"PLC 参数"→"内存容量设置"中设置一定的注释容量。

2）声明编辑：这是对梯形图中某一行程序或某一段程序进行说明注释。它又分为外围声明和嵌入式声明两种：嵌入式声明是随着程序一起写入到 PLC 中去，要占用一定的内存；而外围声明则不写入 PLC，不占用内存，在显示上，外围声明注释是带有 ＊ 号的，FX 系列 PLC 无嵌入式声明。

3）注解编辑：这是对梯形图中输出线圈或功能指令进行说明注释。注解编辑也分为外围注解和嵌入式注解两种，FX 系列 PLC 无嵌入式注解。

不论哪种注释的编辑操作，都必须在退出划线状态下进行。

No.25　如何对注释编辑进行操作？

读者如果希望给软元件加注释，必须先要在"工程栏"→"参数"→"PLC 参数"→"内存容量设置"中设置一定的注释容量。

软元件注释操作方法如下：单击"注释编辑"图标 ，将梯形图之间的行距拉开，把光标移到要注释的软元件触点处，双击光标，出现"注释输入"对话框，如下图所示。

输入内容，单击"确定"按钮。这时会出现程序行为灰色状态，单击图标 ，程序完成变换。操作完成后，所加注释出现在

相应软元件下方。

No.26 在哪里设置注释容量？一般应设置为多少为好？

在"工程数据列表"→"参数"→"PLC 参数"→"内存容量设置"→"注释容量"内设置。如何设置注释容量？一般来说，不用就不分配，用到就分配。先从 1 块开始，如果容量过小，就进行调整，直到程序运行不出现错误为止。

No.27 对软元件进行注释后，发现两个梯形行的行距太大，能不能把行距调小一些？

软元件注释打开后，梯形图之间的行与行距离被拉开，两行梯形图之间留有很大的空间，这个空间是用来注释用的，GX Developer 软件规定，一个软元件的注释最多为 16 个汉字。很多情况下，注释并不多，不需要预留这么大的空间，这时，可对行距进行调整。其操作是：单击菜单"显示"→"软元件注释行数"→"1~4 行"进行选择。GX Developer 软件行距的默认值为 4 行。选择 1 行，行距会变为最小。

No.28 我对软元件进行了注释，现在我取消了注释，可是梯形图行距怎么也回不去原来的行距了，为什么？

是的，你一旦选择了注释编辑行距会自动增加。这时，你只能通过菜单选择行距的行数。即使没有注释，也不能回到原来的行距了。

*No.*29　什么叫软元件批量注释？是如何操作的？

对于编程元件的注释，GX Developer 还设计了专门的批量注释，其操作是：在工程数据列表栏内，单击"软元件注释"→"COMMENT"，出现批量表。这时，可在"注释"栏内，编辑软元件名相应的内容，例如"X000 起动""X001 停止"。照此操作，一次性把所有需要注释的编程元件注释完。回到梯形图界面，就会发现，在触点和输出线圈处都出现了你所有注释的内容。同样，在梯形图中所做的软元件注释也同时被复制到批量表中。

*No.*30　请高手解答：是不是所有的注释编辑都占用存储容量？

是的，凡是注释编辑（软元件注释）都占用存储容量，因此，要进行注释编辑必须先到内存容量中设置注释容量。

*No.*31　如何在梯形图上进行声明编辑操作？

声明编辑操作如下：单击"声明编辑"图标，将光标放在要编辑行的行首母线内，双击光标，出现如下图所示的"行间声明输入"对话框，输入内容，单击"确定"按钮，声明文字加到相应的行首。这时会出现程序行为灰色状态，单击图标，程序完成变换。

No.32 如何在梯形图上进行注解编辑操作？

注解编辑操作如下：单击"注解编辑"图标 ![icon]，将光标放在要注解输出线圈或功能指令处，双击光标，出现如下图所示的"输入注解"对话框，输入内容，单击"确定"按钮，注解文字加到相应的行上方。这时会出现程序行为灰色状态，单击图标 ![icon]，程序完成变换。编辑好的注解如下图所示。

No.33 老师，我不想让别人看到我的程序注释，可以吗？应如何操作？

可以的。程序编辑完成后，在写入程序到 PLC 的时候，在 PLC 写入对话框上不要勾选软元件注释，程序注释便不会写到 PLC 中去，别人即使读出你的程序，也是没有注释的程序。

No.34 老师，可以把程序写进去，但注释写不进去，是什么原因？

一般来说，注释写不进去的多数原因是没有设置注释容量，应先在"工程栏"→"参数"→"PLC 参数"→"内存容量设置"中设置一定的注释容量，再进行注释。另一种情况是没有在退出划线状态下进行。

No.35 我现在用的一款 **FX1S-20MR PLC**，注释能写进去，但读程序的时候就没有注释。请问您这是怎么回事？

如果读程序的时候没有注释，应该是注释没有写入到 PLC 中。要把注释写入 PLC，必须在 PLC 写入对话框中勾选软元件注释，才能把注释写入到 PLC 中。

No.36 为什么我在触点 **X0** 处注释了"起动"，结果梯形图上所有 **X0** 触点位置处均出现了"起动"，能不能在 **X0** 不同的位置进行不同的注释？

这是关于注释的规定，同一个软元件的注释在程序中该软元件处处处相同，不能在同一软元件不同的位置上注释不同的文字。

No.37 老师，我编了一个程序，单击"程序变换"图标后，出现"梯形图容量过大"对话框，这是什么情况？如何纠正？

GX Developer 软件规定，梯形图上一个梯级的程序行数不能超过 24 程序行（含梯级本身和分支），超过则不能进行编译，出现"梯形图容量过大"对话框。如果实际情况程序行确实超过 24 个，可分成两个梯级编辑。

*No.*38 我第一次在 GX Developer 软件上编辑梯形图程序，编辑完成后，发现程序是灰色的，不能写入 PLC，如何操作？

在梯形图程序中，梯形为灰色，说明这一梯级程序还没有经过变换处理，单击变换图标 🔲 后，就会变成亮色。

*No.*39 输入时，一不小心把触点的地址 X0 输成了 X10，怎么办？

如果梯形图编辑符合梯形图的规则，则不会认为你输入的 X0 是错的，这时在 X10 位置上重新输入 X0 即可。

*No.*40 我想把触点 C0 修改成为触点比较指令【= C0 K5】，出现"编辑位置不适合"对话框，这是怎么回事？应该如何操作才对？

触点的修改操作是：将光标移动到需要修改的触点位置上，直接输入新的触点即可。但如果用触点比较指令来修改普通的触点，这种操作不行，会提示"编辑的位置不合适"。这时，应使用插入的方式来修改。步骤如下：

1）将编程窗口置于"写入（插入）模式"，在所要修改的触点位置上，插入触点比较指令，插入后，触点比较指令会出现在修改触点前。

2）删除被修改的触点。

No.41 程序写入 PLC 时，如果没有参数勾选，PLC 会保留上一个程序的参数设置吗？

程序写入 PLC 时，如果没有参数勾选，PLC 不会保留上一个程序的参数设置。

No.42 老师，我在调试时，经常要修改程序，频繁地进行写入操作，每次操作都要拨动 RUN \ STOP 开关，非常烦人。有什么办法能直接在运行中修改并写入程序吗？

如果程序要反复进行修改、监控、修改……依照常规，必须退出监控状态，对程序进行修改。PLC 必须置于 STOP 模式，才能重新写入到 PLC 中去，上述操作非常不方便。而"监视（写入）模式"就解决了反复修改写入的问题。

单击工具图标 后，软件进入监控状态"监视（写入）模式"。程序开始被监视，而且在"监视（写入）模式"下可以直接修改编辑程序。然后又直接把修改后的程序写入到 PLC 中去，不需要 PLC 置于 STOP 模式、重新写入等复杂过程。具体操作可参看《三菱 FX3U PLC 应用基础与编程入门》一书 第 7 章 7.2.3 节程序在线监视操作。

No.43 16 个输出点，要求每个点亮 2 s，循环动作的程序（同一时间只亮一个点），用时序图监视的时候只能监视到 Y0、Y17 这两个点的时序图，其他点的时序图没有显示，这是怎么回事？

仿真软件提供了一种监控功能——时序图监控功能。在时

序图监控界面上，有一个监控软元件显示区，但只能同时显示
5 个登录软元件，至于显示哪 5 个软元件，则可以通过手动登
录软元件的方式将需要监控的软元件登录在这里进行显示。你
只能监视到 Y0、Y17，但可以通过手动登录把其余输出点登录
到软元件显示区进行显示，详细操作请参看《三菱 FX3U PLC
应用基础与编程入门》一书第 7 章 7.4.4 节 时序图监控。

No.44 请问如何使用三菱软件对输出点强制输出呢？以前用欧姆龙的 PLC 比较多。

仿真软件是一种模拟调试，并不连接 PLC。但在调试过程中，
一定涉及外部信号的状态改变。这时就必须模拟外部信号的变化进
行调试，这种模拟功能是由软元件强制操作来完成的。

软元件强制功能是通过对话框的设置，对编程位软元件进行强
制 ON/OFF 操作和对字软元件的当前值进行强制性变更。

强制操作步骤如下：单击菜单 "Online" → "Device write"，
会弹出软元件强制写入 "Device write" 对话框。在 "Device" 处输
入需要强制操作的位软元件，单击 "Force ON"，则该元件强制为
ON；单击 "Force OFF"，则该元件强制为 OFF；而单击 "Toggle
Force"，则为强制当前软元件状态取反。即 ON 变 OFF，OFF
变 ON。

No.45 指令 MOV　H0AAAA　K4Y000 中，为什么输入 AAAA 后，梯形图上变成 H0AAAA 还要多个 0 呢？

这是软件显示的规定，凡输入十六进制数，以 A～F 字母开

头的，输入后均要在前面加 0 显示。例如，HB 显示为 H0B，HA103 显示为 H0A103 等，所以 HAAAA 显示为 H0AAAA。

No.46 DEDIV K20 K7 D0，这条指令执行完，然后我看编程软件中 D0 和 D1 里面的数值，我怎么看不懂？

编程软件中数据寄存器 D 的数值在程序中显示规定是按十进制 BIN 数（16 位带符号整数）来显示的。你这条指令是浮点数除法指令，指令执行是按照浮点数二进制格式来运算的，而显示又是按十进制 BIN 数（16 位带符号整数）来显示的，所以你看不懂。

No.47 三菱同一个系列 PLC 的下载线通不通用？

你所指的下载线是连接计算机与 PLC 的通信线，应叫编程电缆，SC-09 编程电缆为 RS232 接口（俗称 COM 口）到 RS422 接口的转换电缆，通用于三菱 FX 系列所有 PLC。

目前，笔记本式计算机均为 USB 接口，不带有 DB9 串口，这时，必须使用 USB-SCO9-FX 编程电缆，通用于三菱 FX 系列所有 PLC。

No.48 为什么我的计算机没有 COM 端口，那要怎么连接 PLC？

估计你的计算机是笔记本式计算机，笔记本式计算机均为 USB 接口，不带有 DB9 串口，这时，必须使用 USB-SCO9-FX 编程电缆。USB-SC09-FX 是通过 USB 接口提供串行连接及 RS422 信号转换的编程电缆，在计算机中运行的驱动程序控制下，将计算机的USB接口仿真成传统串口（俗称COM口），从而使用现有的各种编程软件、通信软件和监控软件等应用软件。

No.49　我新买了一根 SC-09 的编程电缆，连接计算机与 PLC 后，却发现不能通信，是不是买错了编程电缆？

编程电缆不是一连接好就能进行计算机与 PLC 通信的，还需要在计算机的编程软件上对计算机和 PLC 进行通信端口传输设置，设置完成后，再进行通信测试，仅当出现与 PLC 连接成功后，才可以与 PLC 正式进行通信。

参 考 文 献

［1］ 李金城．PLC 模拟量与通信控制应用实践［M］．北京：电子工业出版社，2011.

［2］ 李金城．三菱 FX2N PLC 功能指令应用详解［M］．北京：电子工业出版社，2011.

［3］ 李金城．三菱 FX 系列 PLC 定位控制应用技术［M］．北京：电子工业出版社，2014.

［4］ 李金城．工控技术应用数学［M］．北京：电子工业出版社，2014.

［5］ 李金城．三菱 FX3U PLC 应用基础与编程入门［M］．北京：电子工业出版社，2016.

［6］ 龚仲华．三菱 FX 系列 PLC 应用技术［M］．北京：人民邮电出版社，2010.

［7］ 崔龙成．三菱电机小型可编程序控制器应用指南［M］．北京：机械工业出版社，2012.